文具｜手帖
偶爾相見特刊
3

42 強練習帳× 200⁺酷藏文具

———— 史上最強作者陣容！！！ ————

FB、IG「70萬」粉絲追蹤

CONTENTS

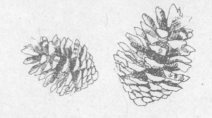

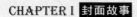

CHAPTER I 封面故事
最強練習帳 VS. 酷藏文具

「手帳」因為存在所以我寫手帳

「印章控」蓋出爆炸星球

「紙膠帶」拼貼小宇宙

「鋼筆＋墨水」筆尖下的古典時尚與浪漫色調

「透明水彩」用清透色調畫出簡單的快樂

封面故事

最強練習帳 VS. 酷藏文具

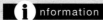

nformation

推坑陣容

_anting、Fiona×LIFE、〔ｈａｉｒ・ｍｏ〕愛亂報、Mikey、nin、Pooi Chin、Rita、吉、柑仔、南國的孩子、艾莉。生活日誌、茄子、美好文具室、做作的 Daphne、不是悶、雪莉畫日誌、默代誌、鄧小熊、漢克、庫巴

「手帳」（因為存在所以我寫手帳）

「印章控」（蓋出爆炸星球）

「紙膠帶」（拼貼小宇宙）

「鋼筆＋墨水」（筆尖下的古典時尚與浪漫色調）

「透明水彩」（用清透色調畫出簡簡單單的快樂）

「彩色筆＋鋼珠筆＋色鉛筆」（買不夠，不嫌多，塗塗寫寫的好朋友）

「紙因為你」（便箋＋標籤＋紙素材……停不下來的紙之路）

各種小確幸累積出，
手帳裡的不同滋味。

一直覺得寫手帳就像煮咖哩一樣，把所有自己喜歡的食材通通放進一個大鍋子裡，加上調味料、蓋上鍋蓋以後，用小火細心的烹煮，隨著心情的搖擺，每天煮出來的咖哩味道也會不同，我們在生活中，累積許多好心情、壞心情，與逛街時買的每一樣心儀的文具，紙膠帶、貼紙和雜誌，各種小確幸的累積，成就了手帳裡面的每一天、每一頁，每一個角落，都有著不同的滋味。

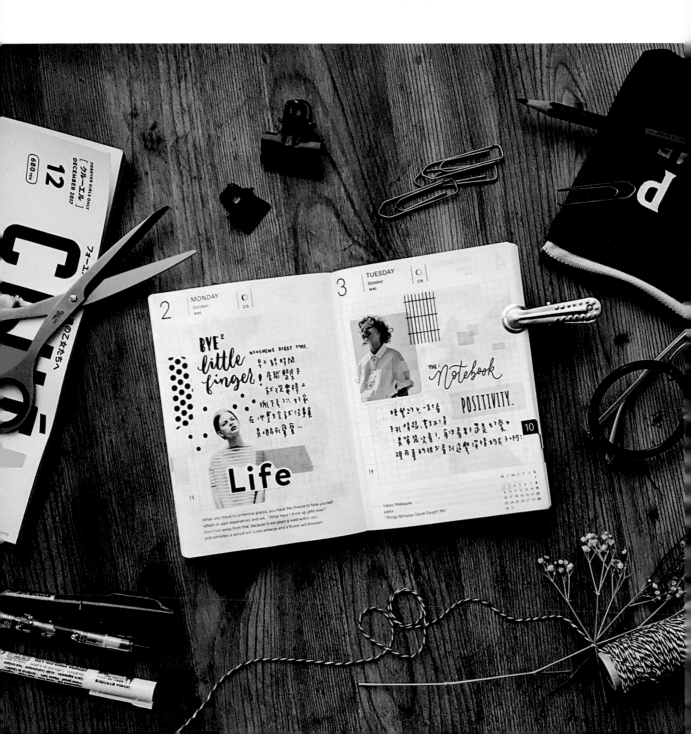

手帳

印章控

紙膠帶

鋼筆＋墨水

透明水彩

彩色筆＋鋼珠筆＋色鉛筆

紙因為你

創作素材來源

▍我收集的雜誌。

▍從雜誌上搜集圖片。

▍雜誌上剪下來各種尺寸的人。

▍收集紙膠帶、復古郵票等等的當作拼貼素材。

▍文具店買的標籤貼紙。

---

i nformation

About 茄子先生

喜歡手帳，就像是為充滿雜音的社會開一個防空洞，躲進去，生活就能像小時候一樣美好；現為自由工作者，假日不定期開設寫字與拼貼課程，夢想是開一間可以做點心給大家吃的文具店，小朋友拿著一百分的考卷進來，就可以換一樣喜歡的文具帶回家。

:::茄子先生:::

Facebook：https://www.facebook.com/mreggplants
Blog：http://mreggplantsblog.blogspot.tw/
Instagram：http://instagram.com/mreggplants
Line ID：@ihu6968x （帳號包含 @）

使用標籤貼紙裝飾手帳

好愛文具店販售的標籤貼紙啊！各式各樣的形狀和顏色，真的是懶人拼貼的
最佳夥伴了，就算是放空腦袋，左貼貼、右貼貼，也能很輕鬆地創作出非常
豐富的畫面，重點是價格又非常平價，大推！

How to make

01. 剪下雜誌中的手：雜誌裡面常常會看到很多以「手」為主題的拍攝手法，可以把手單獨剪下來，做為拼貼素材使用。

02. 剪出手指的形狀：為了營造手指可以「拿著東西」的錯覺，記得要把指尖的形狀剪開，方便後續拼貼。

03. 和小人的形狀做搭配：你希望這隻手可以拿著什麼東西呢？拿著一個小人好像是個不錯的選擇喔！

04. 顛倒方向：拼貼最好玩的事就是可以不顧地心引力的影響，隨心所欲地變化，倒立的感覺好像不錯欸！

05. 決定位置：在做拼貼的時候，我會選擇不同形狀大小的人型素材，做一個對比的效果，並且先決定這些主角大約擺放的位置在哪裡。

06. 對切圓形貼紙：為了讓背景擁有延續性，我會把圓形的標籤貼紙從中間對切，分配位置來貼。

07. 製作背景：運用像這樣的彩色標籤貼，很輕鬆地就可以創造出很繽紛的感覺，所以不用貼得太滿，避免畫面會太過凌亂。

08. 貼上紙膠帶：也可以再加上一些同色系的紙膠帶，讓畫面的層次感再多一個層次。

09. 對角線排版：以「對角線」的方式排版，加上人物大小的對比，讓畫面看起來繽紛、有趣。

如果要運用這樣色彩較為繽紛的標籤貼紙當作背景的話，我就會選擇穿著較為簡單、素色的人物來做搭配，保持畫面的乾淨度。

手帳

印章控

紙膠帶

鋼筆＋墨水

透明水彩

彩色筆＋鋼珠筆＋色鉛筆

紙因為你

11

MONDAY

December
W50

345

11

FIRE HOUSE

12

INHALE.
EXHALE.

因為懶
得走路
就用U-
Bike 騎
了一大段
路,出3

一點23手支後
覺得好多
時:17:49 ♥

Try saying "That's good enough" out loud, even before you think it's
good enough. Saying it means you really want it to turn out that way
Saying something is good enough is the beginning of it turning out well

12

TUESDAY

December
W50

346

12

勞年小二的
排貼,突然有種自己也跟著變
年輕的感覺,
下午還   達看
包貨一   直畫,
Froggie的
啊!靈魂又老了一歲!

不朋友一起
心貨

14

Shigesato Itoi
copywriter/editor in chief, Hobo Nikkan Itoi Shimbun
"Today's Darling"

12

M T W T F S S
            1 2 3
4 5 6 7 8 9 10
11 12 13 14 15 16 17
18 19 20 21 22 23 24
25 26 27 28 29 30 31

練習帳 No.2

雜誌拼貼風手帳

我很喜歡買國外的雜誌，每一本雜誌的編排都有各自的特色，將雜誌上的圖片剪下來，加以混搭之後，就能成為極富個人趣味的手帳，隨著時間與心情的變化，每一頁拼貼的風格也會自然演變，就好像生活也非常多采多姿一樣。

How to make

01. 挑選圖片：先挑選自己喜歡的圖片，加入人物的素材，會讓畫面變得更有趣味，在色系的選擇上，一開始以類似的色系為主，畫面感覺會比較乾淨。

02. 決定位置：塗上口紅膠以前，可以先隨意的擺放位置，圖片彼此交疊、人物的方向顛倒以後，都可以為畫面增加許多故事性。

03. 貼上紙膠帶：在圖片上面再貼上紙膠帶，增加一點拼貼的層次感。

04. 留下寫字的空間：以拼貼為主的手帳，我通常不會留下太多寫字的空間，才不會造成喧賓奪主的效果，剩下一些留白的位置，就能挑一些當天最想記錄的事情，簡單地書寫就好。

05. 完成：除了注意拼貼素材的顏色選擇，在寫字的時候，我會盡量選擇黑筆來寫字，讓文字盡量保持簡潔、乾淨的色調，以平衡圖片的豐富感。

手帳

印章控

紙膠帶

鋼筆＋墨水

透明水彩

彩色筆＋鋼珠筆＋色鉛筆

紙因為你

手帳
一
因為存在
所以我寫手帳

手帳

印章控

紙膠帶

鋼筆＋墨水

透明水彩

彩色筆＋鋼珠筆＋色鉛筆

紙因為你

生活，
因為手帳變得
有滋有味。

旅行的好夥伴Midori TRAVELER'S notebook，走到哪寫到哪，空閒時間塗塗寫寫，手帳就像生活的另一半，記錄分享生活點滴。不知不覺去了更多地方，收集了更多手帳。生活因為手帳而變得更豐富有趣值得回味了。

i nformation

about Christine Hu.

熱愛畫手帳，更是個文具控。喜歡用極為悠閒的步調旅行。目前定居於生活步調也很悠閒的紐西蘭。

Instagram：_atinghu

Little & Friday Cafe
（繪手帳）

美食當前一定會先拍照，
不是要上傳社群網站曬美食照，
是要回家畫手帳。

How to make

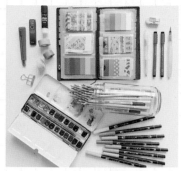

01. 平時最常使用的文具大軍。

02. 手繪手帳通常會先用鉛筆打草稿，先大致排好圖的位置，留下空白處給之後寫文字。

03. 打完鉛筆稿再用代針筆描邊。個人習慣用 0.1～0.2 筆尖的代針筆。

04. 上色習慣用水彩淡淡的上第一層底色。

05. 水彩底色上完，等水彩稍微乾了再上第二層加深陰影。

06. 上色的最後，喜歡用色鉛筆再描繪細節和陰影。

07. 最後在空白處上文字，隨性想到什麼寫什麼。

手帳

印章控

紙膠帶

鋼筆＋墨水

透明水彩

彩色筆＋鋼珠筆＋色鉛筆

紙因為你

練習帳 Nº 4

東京
文具店巡禮
（拼貼手帳）

文具控去日本玩，
一定很多可愛的紙製品捨不得丟，
收據、名片、車票
和任何可以貼入手帳裡的都會留下來。
無法貼的就會用畫的。

How to make

01. 任何平面的紙類或包裝都喜歡留下來做紀念，也可以豐富手帳。

02. 手繪、印章和拼貼併用來完成一篇手帳。

03. 東西太多不想佔版面的時候，喜歡用多層次的貼法。

04. 之後回憶翻閱的時候又多了一些小小樂趣。

05. 可愛便條紙可以自製成小口袋，貼在手帳裡裝收據。

06. 沒有靈感或是發懶不想畫畫，剪剪貼貼也是可以創造出有美好回憶的手帳 :)

手帳

印章控

紙膠帶

鋼筆＋墨水

透明水彩

彩色筆＋鋼珠筆＋色鉛筆

紙因為你

手帳
一
因為存在
所以我寫手帳

手帳

印章控

紙膠帶

鋼筆十墨水

透明水彩

彩色筆十鋼珠筆十色鉛筆

紙因為你

手帳有毒！我就是中毒了！

2015 年無意間買到一本活頁手帳，從此一發不可收拾。感謝優秀設計師們的才華，手帳本的選擇眼花撩亂，每本都有自己的精巧之處。我喜歡研究它們的分別，誰的設計實用，誰的紙張書寫感好，誰的書衣用皮考究。總之，這麼一番探尋下來，少說也有幾十本手帳啦！其中活頁本和 TRAVELER'S notebook 類型手帳本各有十多本，如果再加上定頁本就不知從哪兒數起啦！

i nformation

about 不是悶

住在紐西蘭的「孤獨」手帳發燒友。
身邊沒有同好，故而在網路上分享對手帳的喜愛，
至今已分享 100 多個文具手帳影片。

Instagram：synge112

我的手帳主要記錄自己平凡的小日子。
這次的手帳靈感來源是最近很癡迷的 2 個很傻的小遊戲。
用的顏料是好賓（holbein），
介於透明水彩和不透明水彩之間的一種媒介。

How to make

01. 用鉛筆簡單的畫出草稿。這次手帳想主要用繪畫的方式來記錄。畫草稿我愛用色鉛筆。

02. 用藍色把一些色塊先塗上，塗塗塗。

03. 把灰黑色部分加上（選色的時候故意選擇了色彩靠近，色彩組合單一的兩個圖來畫，小心機）。

04. 用牛奶筆畫上白色，也突出小物件的輪廓。

05. 把大號的字塗上顏色，我偷懶繼續用了藍色，個別地方用紅色作為一點亮點。

06. 在英文字上加細節，做出立體感，並且「畫出陰影」，操作很簡單但是看起來很豐富。

07. 加上本文，並用不同字體寫上了【I'M A GAMER】。在本文想突出重點的地方用彩鉛加上一點彩色線條和小圓圈。大功告成啦！

這頁手帳是記錄我去東京的一天,
以素材拼貼為主,
寫在 TRAVELER'S notebook 上旅行感很強!
配合小尺寸照片,創作容易又生動!

How to make

01. 我用可攜式照片印表機印出想要貼的照片（一共印了 3 張，圖中這張最後沒用到，下次用！）這真是做手帳的神器！

02. 我去東京的 TN Factory 時在本子上蓋了些印，左上印章效果比較好，右下也有印，但是沒有蓋好，所以我用一張一筆箋把那裡遮住了。把照片貼在想貼的地方。

03. 在左下隨手寫畫了這次手帳的主題【東京！我來了！】。

04. 左頁寫上本文。在想突出的地方有故意寫成粗粗的英文字，突顯重點。另外貼上了小日曆，這樣不用自己寫日期，也有遠到裝飾作用。

05. 右頁寫上本文。我在空白本上可以把字寫直，不會歪歪扭扭誒！不要太羨慕我，嘿嘿。

06. 給左頁的粗體英文內填上顏色。在本文處，也用彩鉛畫出彩色線條或者小圓圈突出重點資訊。

07. 好了，大功告成！

另外，我喜歡在本子上不要完全寫滿，而是四周留白出一點邊框的感覺。所以在一開始我用鉛筆尺子畫出了一個框，顏色特別淺，圖片看不出來。等全部寫完之後擦掉鉛筆印記就好啦！

手帳

印章控

紙膠帶

鋼筆＋墨水

透明水彩

彩色筆＋鋼珠筆＋色鉛筆

紙因為你

搶先購得限量印章
興奮之情就像中樂透！

當初入文具坑其實是從紙膠帶開始的，一開始蒐集點點、條紋等圖樣，但是用久後發現變化真的太少，既不能改色也不能變化，慢慢發現印章的運用更適合自己，似乎也可以自己設計成紙膠帶，不拘限於他只是個印章。

剛開始不懂購買門路，只能從各大書局的印章開始，慢慢的看到 IG 上別人的分享或是加入手帳社團，大家不吝嗇地推坑？反而掉進這印章的深淵裡…各種風格票券、花圈、字母大概就有 800 種，明明都是數字就是各種字體各種大小都要，每次買限量印章，都好像在搶購演唱會門票，可不要小看那些印章，買到的時候心臟快速跳動，很像中樂透一樣的開心啊～

當然，買的時候很開心，心裡會有點優越跟滿足，但是付錢的時候可是很心痛的，誰叫那麼多印章都很有特色 >.< 好看的印章真的不嫌多！

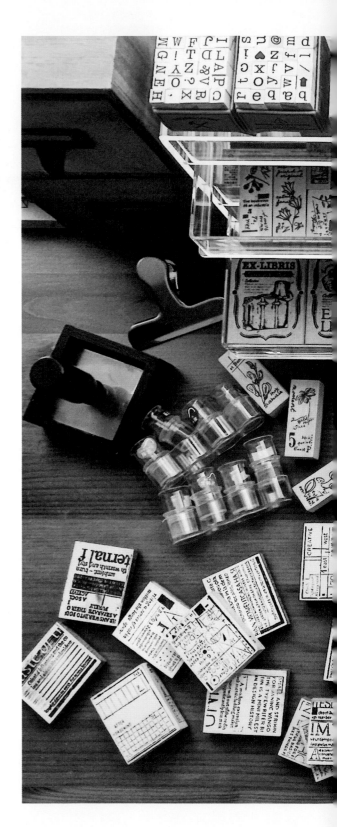

about 海兒毛

從一個愛手作的女孩，
到天馬行空的人妻，
現在晉升為地方媽媽，
但不阻擋我對文具、對雜貨的熱情，
我會一直一直喜歡下去。

How to make

01. 外國人用的封蠟印章配合的是火漆印章＋蠟條，而我喜歡把台灣獨有的中文鉛字印章運用在封蠟上。

02. 鉛字章可以上網搜尋，他是活版印刷字以前是用來打在書籍或是文件上，台灣目前已經很少有，算是很古老的傳統產業商品，可以搜尋「日星鑄字行」。

03. 封蠟一般蓋上去都沒有顏色，可以自己運用彩色印泥來做變化，這次示範的是金色印泥，先把鉛字沾上金色印台。

04. 再把蠟條切成小塊放在湯匙上，用小蠟燭燃燒融化。

05. 軟化後倒在你想要蓋印的地方。

06. 壓上後先不要拿起，等封蠟有些冷卻後再取下。

07. 美麗的封蠟就完成囉～

手帳

印章控

紙膠帶

鋼筆＋墨水

透明水彩

彩色筆＋鋼珠筆＋色鉛筆

紙因為你

用印章
設計紙膠帶

How to make

DREAM

01. 可以到美術社或是文具店買素面紙膠帶，比較特別的是，想要不脫色，建議可用油性印泥來蓋會比較持久。

02. 我使用的是津久井智子的豆印泥，印台面積較小，較好控制範圍，遇到大面積的印章如果只需要小部分花樣，也好使用。

03. 我們不需要專業的印章，身邊很多東西都是很好的，例如：筆蓋、多角鉛筆頭、飲料蓋，任何身邊周遭的小物都是很好的創作工具。

04. 這顆印章我需要的只有樹的部分，用豆印泥來沾取，就不怕旁邊蓋到囉～

05. 紙膠帶可以暫時貼在離型紙上，設計完再撕下貼在本子上。

練習帳 № 9

描圖紙的運用

每月的月曆自己設計可以有更多變化，所以我很愛自己創作。

How to make

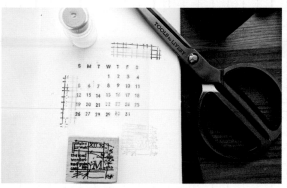

01. 可以依照每月自由變化數字的月曆章，簡單又好看。

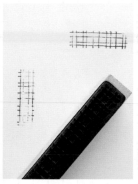

02. 線條和格紋是最適合當配角，隱身在任何裝飾裡既好看又不搶風采，是我最常使用的圖象。

03. 將蓋在描圖紙上的月曆，搭配有色底或是素色底的背景，再用其他印章來點綴。

04. 完成囉，屬於自己的月曆，挑戰自己的設計，也讓設計獨一無二。

手帳

印章控

紙膠帶

鋼筆＋墨水

透明水彩

彩色筆＋鋼珠筆＋色鉛筆

紙因為你

印章控
一
蓋出
爆炸星球

「有故事的印章」
為收藏帶來無窮的樂趣。

迷戀印章是從小集郵開始，每當發行新的郵
票、首日封，就會配合其主題銷蓋郵戳。出
門旅遊時也會收集當地的紀念印章蓋在本子
裡。除了寫手帳，更喜歡用印章搭配不同紙
品，拼貼出各式各樣的明信片、卡片、禮物
盒。關於收集印章的方向，除了喜歡圖案本
身以外「有故事的印章」，或是發現迷人的
古董印章，都為收藏帶來無窮的樂趣。

i nformation

about Rita C

喜歡拍照，喜歡從日常生活中蒐集點點滴滴的美好，
喜歡手寫郵寄的「老式情懷」。因為對「郵政」情有獨
鍾，出門旅遊一定會和當地郵筒合照留念。

IG：ritacyc

手帳

印章控

紙膠帶

鋼筆＋墨水

透明水彩

彩色筆＋鋼珠筆＋色鉛筆

紙因為你

禮物盒

手帳

印章控

紙膠帶

鋼筆＋墨水

透明水彩

彩色筆＋鋼珠筆＋色鉛筆

紙因為你

How to make

01. 所需素材工具：牛皮紙盒、印章、印泥、紙膠帶、便條紙、舊車票、郵票、線繩、封蠟章。將便條紙手撕一角，用打字機打上文字。

02. 決定便條紙、舊車票、郵票、紙膠帶的拼貼配置後，然後黏貼上。

03. 選擇大圖案的花卉印章當主角，用深色印泥蓋上。

04. 再用較小的文字及符號印章當裝飾，用淺色印泥蓋上。

05. 以線繩捆綁紙盒，蓋上封蠟，完成。

-Tips-

禮物盒背面也別忘記拼貼裝飾。

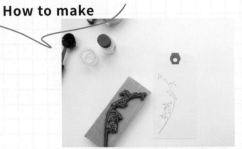

練習帳 No.10

小吊卡

01. 所需素材工具：吊卡、印章、印泥、線繩、鉛字、封蠟條、打字機（或手寫）。選擇大圖案的花卉印章當主題，用橙色印泥蓋上。

02. 再用日式印鑑的文字圖案，用暗紅色印泥蓋上。

03. 直式製作，因此打字機以直式打出英文字句。

04. 用圓點貼紙裝飾畫面、鉛字當封蠟印上。

05. 以線繩綁蝴蝶結，完成。

與 mailart 結合的各式實寄信封

手帳

印章控

紙膠帶

鋼筆＋墨水

透明水彩

彩色筆＋鋼珠筆＋色鉛筆

紙因為你

用不同信封搭配喜歡的郵票，蓋上收藏的各種郵務印，
在郵票發行日寄出給自己；信封經過郵寄後而蓋上的
郵戳和 mailart 總讓人回味。

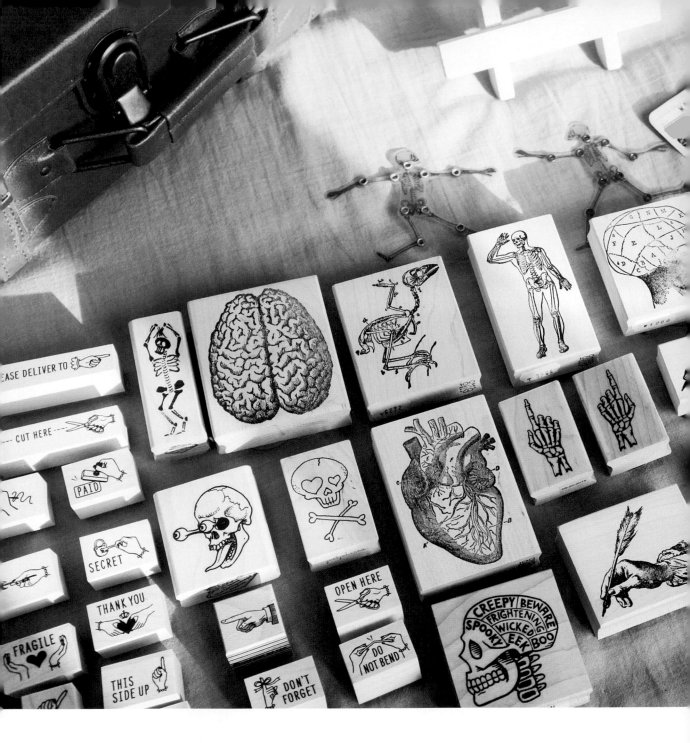

i n f o r m a t i o n

柑

about 喜歡文具，很喜歡文具。

知道文具背後的故事會喜孜孜，
弄懂文具製作的原理會笑開懷，
會假訪談之名，
行大肆購買之實的文具狂熱人士。

Facebook：柑仔帶你買文具
Instagram：sunkist214

印章控
—
蓋出
爆炸星球

坑坑相連到天邊，
印章一入深似海。

除了是個文具控外，也同時玩了幾年的印章。但後來錢花太多迷途知返，重心放回文具，偶發性的買買印章，本來以為印章病已經痊癒，殊不知在這波浪潮裡我又跌下去了跌下去了跌下去了啊啊啊（落入深坑的回音）。反正，印章也是文具嘛……

除了圖案復古的印章，可以在手帳上使用的，適合拼貼的印章變成了另一個主戰場。

但是，
有沒有一些印章，買了之後，
蓋完圖鑑就收起來？
有沒有一些印章，
看起來好酷炫但自已根本用不著？
不要想得太難太複雜，
從最簡單的蓋印開始吧！

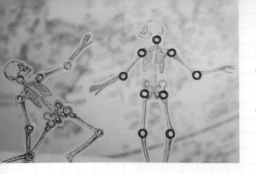

簡單蓋印從你開始，
別讓印章在角落哭泣。

材料：
骷髏印章、透明 / 霧面膠片、StazOn
印台、銅釦、鱷魚剪

小骷與小髏好活潑書籤

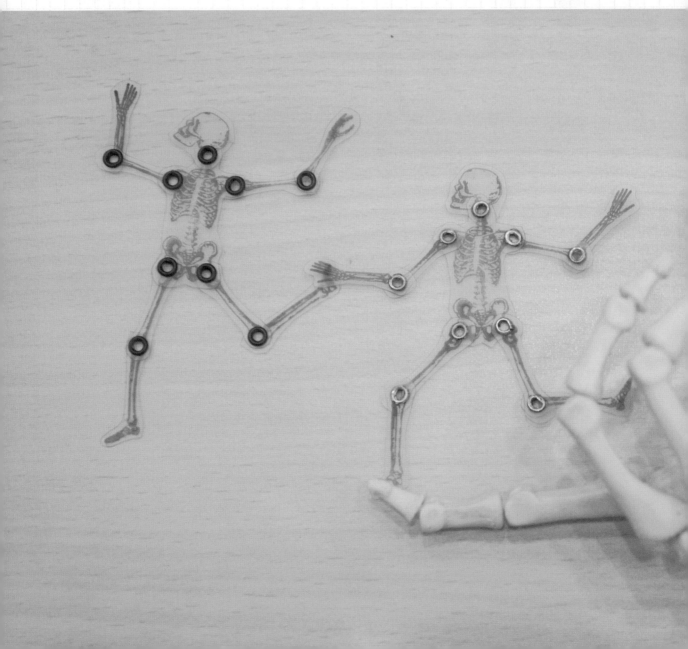

How to make

01. 以 StazOn 印台蓋印在透明膠片上。

02. 將個別骨頭剪下,記得關節處要預留釘銅釦的空間。

03. 以銅釦固定關節,有點緊又不太緊,太緊不易活動,太鬆無法固定動作。

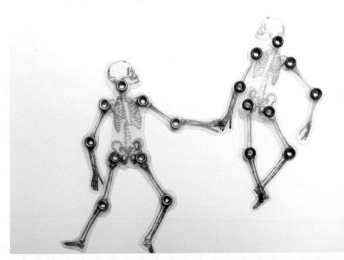

04. 完成。

05. 拿來當成書籤也別出心裁。

手帳

印章控

紙膠帶

鋼筆＋墨水

透明水彩

彩色筆＋鋼珠筆＋色鉛筆

紙因為你

彩虹色塊

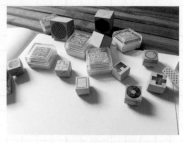

材料：
1. Keep a notebook 和紙貼
2. 幾何色塊印章 - 夏米 / 漢克 /kodomo no kao 印章
3. 粉嫩色印台
4. 熱風槍 - 非必備

How to make

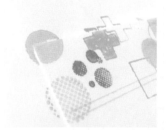

01. 在和紙貼上以彩色印台蓋印。

02. 底下墊張紙，讓圖案蓋出紙張邊緣外，印出不完整的色塊。

03. 依照喜歡的寬度裁開。

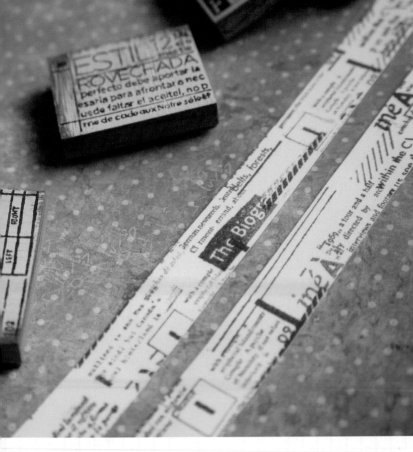

自己拼貼的紙膠帶就
是有自己的味道。

手帳

印章控

紙膠帶

鋼筆＋墨水

透明水彩

彩色筆＋鋼珠筆＋色鉛筆

紙因為你

練習帳 No.13

黑白拼貼風

How to make

材料：
1. Keep a notebook 和紙貼
2. Super A 瞬速乾印台
3. 英文文字印章 - 夏米 open special

01. 在和紙貼上以黑色蓋印，上下位置錯開製造隨性感。

02. 若有需要以熱風槍或吹風機吹乾。

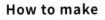

03. 依照喜歡的寬度裁開。

04. 固定手帳裡收到的卡片和乾燥花渾然天成。

-Tips-

蓋印整張滿版後，也可以掃描成電子檔，之後以印表機印出可直接使用。但請注意印章版權仍屬作者，不可掃描後印製成品販售。

搞工的紙膠帶拼貼，
加倍滿足的成就感！

從買來的第一卷到現在，是慢慢收集的過程，剛開始僅僅買了兩、三卷卻視為寶貝捨不得使用，之後款式越出越多，忍不住地越買越多，竟然也快八百卷，不管是從網路上找靈感，還是自己亂貼，總覺得這些美的東西就是要使用才能有更多美麗的樣子，就這樣開始把紙膠帶不只是當作紙膠帶，也把它當作顏料般揮灑，運用紙膠帶的顏色變化出更多事物，變出自我風格的玩法，雖然搞工，但卻玩得不亦樂乎，因為完成的成就感是加倍的滿足。

自從去參加了一年一度的 mt 工廠見學後，發現更多特別的展覽限定款，雖然沒有瘋狂全收集，但默默地也買了不少，紙膠帶控的紙膠帶只會自己無限繁殖呀！

基本的條紋、斜紋、水玉點點和素色是我的最愛，喜歡這樣簡單好用的款式。

手帳

印章控

紙膠帶

鋼筆＋墨水

透明水彩

彩色筆＋鋼珠筆＋色鉛筆

紙因為你

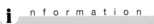

i nformation

about 南國的孩子Susan

台南人，
喜歡紙膠帶，喜歡畫畫，喜歡文具，
把紙膠帶當作顏料揮灑是最浪漫的事。

個人書作品：《紙膠帶╳色鉛筆，貼貼畫畫94狂！「南國的孩子」無敵插畫祕技教室。》
Facebook：南國的孩子 Susan
Intergram：susanyeh312

花的姿態

紙膠帶變成花，如花的姿態綻放燦爛；運用紙膠帶的顏色勾勒出花的樣子，
拼貼堆疊出花的美麗，簡單又經典的留下那一刻的美好。

How to make

材料：
素色或滿版紙膠帶、剪刀、鑷子、筆刀或美工刀、尺

01. 先選好紙膠帶，建議選擇素色或滿版紙膠帶，剪出來的形狀較完整明顯；依照花瓣數量，先剪出尺寸較一致的方形數個，再輕輕拿住紙膠帶一角，從另一角開始剪。

02. 順著弧度剪出一個水滴狀的花瓣，至於弧度不一定要很圓，也可以隨意的波浪，創造花瓣柔軟的感覺。

03. 如果是五片花瓣，一次先剪好五片，剪好後，水滴狀的尖端對尖端，建議先不要黏下去，先排列確定好之後，再將其黏妥。

04. 如果在拼貼時，有花瓣特別大時，僅修剪水滴狀尖端的部分，這樣方便又快速，也不會越修越小。

05. 花瓣的重疊部分是取決於你水滴尖端的角度，所以只要調整剪刀進刀的角度，就可以讓花瓣變胖或變瘦，花瓣的數量也可以變化，或是兩個顏色穿插交錯，增加豐富度。

06. 除了實心的花，還能剪出線框式的花朵形狀，兩者可相互搭配，更能表現花的姿態；先剪好花瓣的形狀，建議可以剪略大些，沿著此形狀慢慢地剪下細條，再將細線兩頭對好後，花的弧度部分慢慢順好即可；一個花瓣大概可以剪二到三個線框。

07. 中心的花蕊可用白色紙膠帶剪小圓，如果手指太粗，可以搭配鑷子使用，鑷子拿前端些，減少力矩，方便控制紙膠帶。

08. 花的多寡和排列就看個人喜好，建議可以單純兩三個顏色變化即可，簡單又好看，且讓花集中拼貼，另一邊可以用線條裝飾，直線條可直接用素色切割，搭配尺和筆刀，將紙膠帶黏在離型紙上，尺壓緊，筆刀要夠利以割取想要的線條。

09. 細線的拼貼技巧：左手壓著，右手拉緊後，左手往上推，建議將紙的方向轉至順手的方向，這樣拼貼的直線就不歪了；如果還覺得很空，可以加一些文字，跟著細直線平行拼貼，也是一個不錯的拼貼法，有時中間可用筆刀挑掉創造下雨的虛線感。

-Tips-

剪紙膠帶小技巧：「動紙不動刀，記得清剪刀。」；紙膠帶在拿取時，不要往下壓，以免黏在剪刀上；在剪的時候，輕輕將紙膠帶往外拉，讓紙膠帶呈現平整，這樣剪起來會比較順且好看，拿紙膠帶那一手只要輕輕的扶住即可。

手帳
印章控
紙膠帶
鋼筆＋墨水
透明水彩
彩色筆＋鋼珠筆＋色鉛筆
紙因為你

復古風明信片拼貼

運用收集到的元素，讓復古風、旅行風格躍然於紙上，傳遞旅行、日常的美好，收集許多素材，卻不知道怎麼拼貼，利用幾個步驟就能輕輕鬆鬆完成復古風的拼貼，將紙膠帶跟其他素材好好搭配一番吧！

手帳

印章控

紙膠帶

鋼筆＋墨水

透明水彩

彩色筆＋鋼珠筆＋色鉛筆

紙因為你

How to make

材料：
復古風素材（票卷、印章、色紙等等）、
紙膠帶（滿版圖案、文字）、剪刀、口
紅膠、舊書頁

01. 運用白墨在深色紙張上蓋印，這次選擇的是文字系列，文字系列的印章很推薦，是值得入手的萬用款，隨意撕開呈現毛邊更加自然。

02. 用口紅膠黏貼，在口紅膠未乾前隨意讓紙張產生皺褶，選擇較薄透的紙張，透過重疊相疊出不同顏色，讓素材更有趣，拼貼時建議色塊有大有小更自然。

03. 選擇復古風或帶旅行風圖案的滿版紙膠帶，隨意地撕下，創造不規則感，有時故意貼皺褶感，推薦帶有咖啡色系的素材，拼貼起來會更有復古感，如果喜歡某一圖案顏色落差較大，建議不要大過於咖啡色的色塊比例，這樣整體主題會比較明確，且在拼貼時彼此之間要有重疊的部分，畫面才不會太鬆散。

04. 加上一些元素，不知道怎麼剪的話，建議隨意沿著圖案撕，沒有撕好也是另一種美感，加上一些簡單的黑色色塊及文字，文字在復古風或旅行風是很重要的元素，所以如有看到很不錯的文字素材建議收集一下。

05. 加上文字印章，想不到什麼顏色，用咖啡色或黑色決不會失手，再拼貼上一些圓貼或復古小素材點綴一下，建議不要把整張貼太滿，通常會留一點點的白讓畫面呼吸。

06. 簽上名字和日期就是張復古風明信片，復古票卷或是票卷紙膠帶是這類風格很好的裝飾素材，簡單亂撕創造不規則隨意感，也讓畫面更有生活感，如有玩封蠟章也可以滴幾滴蠟上去，會更有感覺。

練習帳 No.16

微透紙膠帶信封

用美麗的樣子傳遞滿滿的祝福,簡單地拼貼就能有清透的自製信封,搭配不同的紙張,玩出更多美好,那是獨一無二的心意,做出自己喜歡卡片大小的信封,微透感讓收藏更迷人。

How to make

材料：
描圖紙（建議 55 磅）、紙膠帶、剪刀、美工刀、尺、雙面膠

01. 描圖紙建議選擇 55 磅，怕太厚放東西時不易拿取，先決定好想要的信封尺寸，所以可以先做好卡片再來決定信封尺寸。

02. 將紙膠帶黏貼在描圖紙上，如果是寬版紙膠帶建議慢慢黏貼，以免中間會不平或有氣泡。

03. 黏好紙膠帶後，決定紙膠帶的圖案要往內或是在背面，黏上雙面膠，注意如果紙膠帶材質偏滑不易黏雙面膠，只能把雙面膠黏在背面的描圖紙上，這樣才能確保做出來的信封不易開口笑。

04. 再將另一張描圖紙對齊貼上，之後就可以將想要的大小裁切下來，以範例來說，是 A4 大小、紙膠帶 10 公分長度，在不想要增加紙膠帶的寬度下，可以做出 9*14 公分的信封四個。

05. 其他裝飾技巧推薦：蓋白墨英文字印章增加質感，蓋白墨的印泥讓印章圖案若隱若現，既不干擾底圖，又能增加質感，是大推薦的裝飾法。

06. 沒有寬版紙膠帶沒有關係，也可以用不同的細版紙膠帶拼貼，寬度長度自己決定，更加自由隨興喔！

更多精采紙膠帶拼貼技法和作品，請參考「南國的孩子 (Susan)」個人書《紙膠帶╳色鉛筆，貼貼畫畫 94 狂！「南國的孩子」無敵插畫祕技教室。》

手帳

印章控

紙膠帶

鋼筆＋墨水

透明水彩

彩色筆＋鋼珠筆＋色鉛筆

紙因為你

紙膠帶控的滿足感來自，
層層疊起的收納盒大樓。

紙膠帶
—
拼貼
小宇宙

收集紙膠帶一開始都是因為寫手帳的關係啊（笑）。

最初都是在文具店購得，慢慢會上網搜尋一些特別限定的款式或參與
插畫作者自己推出的紙膠帶，收納也隨著紙膠帶增加，從一開始的小
木盒或鐵盒到抽屜式的 PP 盒，最苦惱的是現在已經快沒地方疊了。

最有成就感大概就是看著層層疊起的收納盒大樓吧？（笑）

i nformation

about Fiona

喜歡寫字和拍攝小玩具的女子一
枚，出門隨身必帶一堆拍照用小公
仔，平時沒事可以剪一整天的紙膠
帶。

Facebook：FionaxLIFE
Instagam：wednesday081

手帳

印章控

紙膠帶

鋼筆＋墨水

相框式月曆

為了節省桌面空間，利用紙膠帶豐富的圖樣做一
個可黏貼在牆面又可抽換月曆卡相框，美觀又能
體驗手作樂趣。

How to make

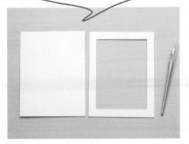  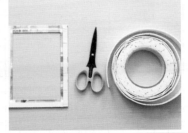

01. 製作基本相框：用磅數較厚的奶瓶紙，裁剪成兩張同樣尺寸的紙卡，一張做背板，一張再裁割成外框。

02. 外框用喜歡的紙膠帶包覆貼滿。

03. 在外框的背面左、右、下方的位置貼上泡棉雙面膠，保留上方可以抽換月曆卡。

04. 貼泡棉雙面膠的時候記得要做適當裁剪，讓內側保留一定的空間，放置月曆卡時才能卡住。

05. 裝飾外框：把喜歡的紙膠帶貼在西卡紙上，將圖案沿邊剪成一枚一枚的圖案小紙片（盡量選擇厚一點又好剪裁的紙）。

06. 在紙片後面貼泡棉雙面膠或一般的雙面膠，可搭配貼出立體層次感。

07. 完成，月曆卡稍微用推的就能取出替換。

08. 如果不想傷牆面，可以用市面上販售的隨意黏，可以自由貼上取下，做相框剩下的紙卡也可以做成支架放置在桌面上。

09. 完成。

手帳

印章控

紙膠帶

鋼筆＋墨水

透明水彩

彩色筆＋鋼珠筆＋色鉛筆

紙因為你

鐵盒拼貼

在雜誌上看過藝術家做的鐵盒拼貼，就想到同樣可以利用紙膠帶來做，將喜歡的風景貼進一個個鐵盒裡蒐藏。

How to make

01. 找一個自己喜歡的鐵盒，大小不拘，分別在離型紙的背面將鐵盒輪廓描上，務必保留貼紙膠帶與裁剪的空間。Ps. 離型紙就是一般貼紙的底紙，亮滑面為正面。

02. 準備另一張離型紙，將紙膠帶貼於離型紙上（正面亮滑面），剪成不規則的波浪狀，紙膠帶可以用兩、三種不同圖案增加層次感。

03. 先用黑色紙膠帶貼在步驟一中的離型紙正面（亮滑面）中間，再將步驟二的波浪狀紙膠帶一層層貼在上下方，盡量貼超出紙的範圍。

04. 貼好後翻到背面，沿著剛剛描的盒子輪廓剪下來。

05. 完成後就是鐵盒輪廓的紙膠帶背景，將離型紙剝掉後把紙膠帶貼於鐵盒內。

06. 將喜歡的紙膠帶和貼紙圖案貼於西卡紙上（較硬且方便剪裁的紙皆可），將圖案一枚枚剪下來。

07. 將泡棉紙膠帶貼於圖案紙片後面，然後貼在鐵盒中，利用泡棉紙膠帶的特性可以多貼幾層，增加層次立體感。背景的部分也可以利用牛奶筆和一些貼紙點綴。

08. 完成。貼的時候不用考慮太多邏輯，用自己喜歡的方式貼出自己喜歡的風景。

手帳

印章控

紙膠帶

鋼筆＋墨水

透明水彩

彩色筆＋鋼珠筆＋色鉛筆

紙因為你

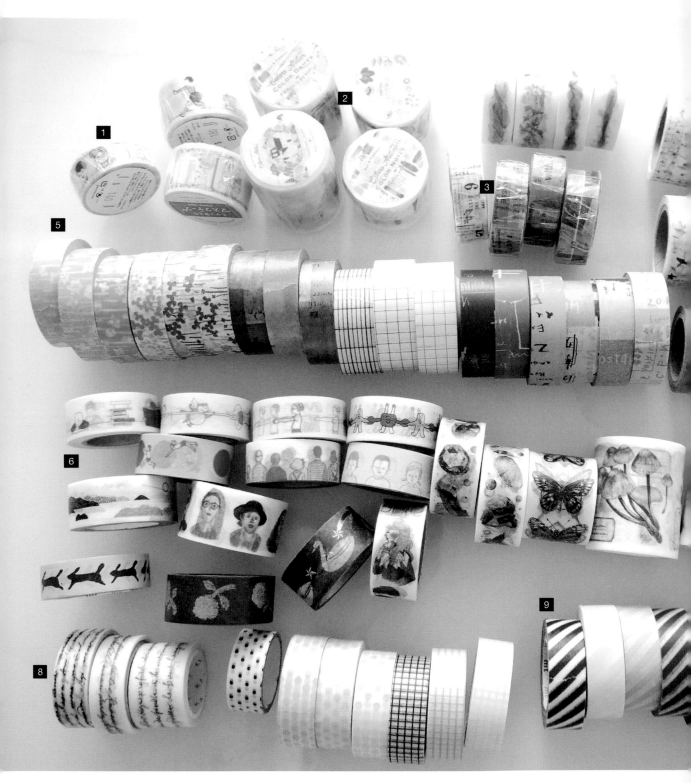

1 最近剛入手的 GOAT SHOP 新品，圖案非常可愛而且很實用。

2 OURS 每次推出的紙膠帶都會列入必收清單。

3 去年開始愛上 YOHAKU 紙膠帶，拼貼超級無敵好用，後來還又多收了兩套起來囤著。

4 夏米這套新品每一捲都覺得很好用，完全不猶豫地直接收了整套。

5 倉敷意匠紙膠帶是我長期以來的心頭好。

6 有時候會不限品牌與風格，只是單純被某些花色打中，隨便撕一段貼在手帳上都很好看。

7 吉。的畫風非常精緻而且很適合復古風的拼貼。

8 英文草寫是超推必收的款式，在空白處點綴非常好用。

9 mt 的各種方眼、點點、斜紋雖然很基本款但拼貼搭配很實用，可以挑喜歡的顏色下手。

紙膠帶
一
拼貼
小宇宙

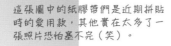

這張圖中的紙膠帶們是近期拼貼時的愛用款，其他實在太多了一張照片恐怕塞不完（笑）。

幸福又美好的
紙膠帶收集之路！

我的紙膠帶人生是從大學開始，當時紙膠帶還不怎麼流行，幾乎沒有手創家自製的紙膠帶，像 mt、Mark's 這樣的大品牌就是唯一主流。我的第一捲紙膠帶還是在韓國 10x10 網站上請代購買的，是 mt 的 7mm 素色款。但從那之後就跌入了紙膠帶大坑，到現在六、七年過去也累積了不少孩紙。在這期間也有丟掉、出清過許多，但紙膠帶是永遠買不完的，即使紙膠帶大樓已經不知蓋了幾層，看到新的、喜歡的款式還是會忍不住帶它回家，而且挑選紙膠帶的過程與心情真的非常有趣、幸福且美好。

買紙膠帶這幾年下來，會發現其實每個時期都有特別偏好的花色與風格，就像過去這一年裡我喜歡的紙膠帶就與以前相差甚遠。在文具這條路上我一直覺得「付學費」是很必要的過程，買紙膠帶也是。有時會遇到剛入坑的新手問「該怎麼挑紙膠帶？」，其實只要選擇自己一眼就很喜歡的花色即可，沒有一定要怎麼挑選。因為每個人的喜好都不同，拼貼方式也不同，所以就選擇自己喜歡的吧！買回家後就盡情地使用它，久而久之你就漸漸能知道哪些紙膠帶是適合自己的，也可以減少踩地雷的機率（當然你的地雷也有可能是別人的心頭好，這種事就是青菜蘿蔔各有所好囉～）。

i nformation

about 美好文具室Rubie

熱愛文具與手帳，認為身在文具坑絕對是世界上最美好的事之一，並且以各種可愛文具來保持少女心的女子。

Facebook：美好文具室
Instagram：lovelyrooom
地址：台北市松山區民生東路四段 100 號 1 樓

手帳

印章控

紙膠帶

鋼筆＋墨水

透明水彩

彩色筆＋鋼珠筆＋色鉛筆

紙因為你

立體小卡

 某天臨機一動想到，庫巴的「有人的地方」這捲紙膠帶裡每個圖案其實都可以直接做成一張立體小卡，就立刻做了三張。

看過吉。用「標籤畫框」做的作品後便手癢也想嘗試。這三個主要是搭配「菌菇B」紙膠帶，再貼上彈珠與星球作點綴，成品很有標本的感覺。

這張除了女孩貼紙，其他都是紙膠帶，包含白框上的點點、
數字、文字也是。因為想做一個從窗戶看向森林的感覺，
就運用一些符合森林感的紙膠帶來做拼貼。

手帳

印章控

紙膠帶

鋼筆＋墨水

透明水彩

彩色筆＋鋼珠筆＋色鉛筆

紙因為你

 練習帳 No.20

作品示範的成品延伸運用參考，如果這張卡片是有想贈送的對象，可以在上面加上對方的名字，或是「HAPPY BIRTHDAY」之類的祝賀語哦！

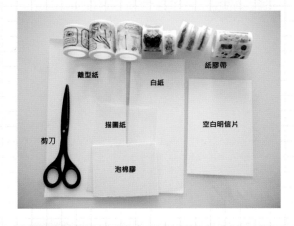

工具

1、紙膠帶：先想好要拼貼什麼風格後，挑選幾捲適合的紙膠帶。

2、離型紙：將紙膠帶貼在離型紙上會更好剪圖案下來。

3、白紙：最好選擇 100~120 磅且表面沒有任何紋路的白紙。

4、空白明信片：可以買現成的空白明信片，或是買厚紙卡來裁出所需尺寸。

5、描圖紙：一般書局都買得到，不要買太厚的不然會不夠透明哦！

6、泡棉膠：讓圖案變立體的必要工具。

7、剪刀。

How to make

01. 使用一款或數款紙膠帶，在空白明信片上拼貼卡片背景。此示範是使用 OURS 的「色彩遊戲」紙膠帶。

02. 挑選一些裝飾用的紙膠帶圖案，貼在白紙上後剪下，讓它們成為一張一張的圖案紙片。

03. 將描圖紙裁成比明信片略小的尺寸後，將圖案紙片們貼在描圖紙邊緣（Tips. 盡量將描圖紙邊緣都遮住，看起來會比較自然哦）。

04. 挑選其中一些圖案在背面貼上泡棉膠後再貼到描圖紙上，可以創造出畫面的立體感（Tips. 有些圖案甚至可以貼兩層泡棉膠，會更有立體感和層次。）。

05. 將所有的裝飾圖案都拼貼到描圖紙上。

06. 描圖紙拼貼好之後，在它的背面貼上泡棉膠。除了四個邊一定要貼，也可以在某些圖案後貼上，只要是從正面看不到泡棉膠的位置皆可。

07. 將貼好泡棉膠的描圖紙貼到背景卡的正中間，一張立體卡片就完成囉！

手帳
印章控
紙膠帶
鋼筆＋墨水
透明水彩
彩色筆＋鋼珠筆＋色鉛筆
紙因為你

筆，記錄學習的歷程，也反映了每個階段的用筆偏好。

出社會後的第一支用於練習西洋書法的筆是百樂藝術鋼筆，自此之後，文具就像是自己會繁殖一般，房間裡現在滿滿都是文具。

房間擁擠到一個程度之後，我問老媽：「善書者不擇筆，我這樣滿屋子文具，是不是不太好啊？」

老媽回我：「工欲善其事，必先利其器！」

然後房間繼續擁擠。

每支筆都記錄了我的學習歷程，每支筆的特性反映了我每個階段的用筆偏好。恩師送我的筆、鋼筆圈的前輩生前親手調教的筆、朋友替我製作的筆……提醒我，文具買了就要用，字要繼續寫，繼續精進。

i nformation

about Daphne

從粉絲團「做作的 Daphne」開始，除了多年來致力於教授西洋書法課程以外，更以直面大眾的書法作品影片為出發點，希望寫字不再是曲高和寡難以理解的藝術，而是以人人都能懂、人人都能欣賞、人人都能學的方式，展示寫字藝術的脈絡。

Facebook：做作的 Daphne
Instagram：watering76

手帳

印章控

紙膠帶

鋼筆＋墨水

透明水彩

彩色筆＋鋼珠筆＋色鉛筆

紙因為你

生日卡

這張生日卡使用的字體是義大利體，字體耐看易讀，還能夠有華麗的裝飾變化。使用星空紙加上珠光顏料書寫，只要加上簡單的花草圖案，就是很有情調的卡片囉！

How to make

01. 材料：Finetec 珠光顏料、Brause 平頭沾水筆尖、Zebra G 沾水筆尖、Brause 筆桿、水彩筆、藍色星空紙。

02. 水彩筆沾水，將金色珠光顏料溶解。

03. 將水彩筆上的顏料抹到 Brause 平尖沾水筆尖上，就可以開始書寫了。

04. 先將 Happy Birthday 的基本形狀寫好，h、d 的上半部，y 的下半部先空著。

05. 將 h、d 上半部和 y 的裝飾線接上，要注意不可過度裝飾，也要注意別讓線條打架。

06. 用水彩筆沾紅色珠光顏料，畫上花朵。

07. 水彩筆沾湖綠色珠光顏料，用筆尖快速畫出莖，重壓筆畫出葉子。

08. 沾取銀色顏料，用點點裝飾畫面。

09. 用第一、第二步驟的方式，將銀灰色顏料抹到 Zebra 沾水筆上，簽名，生日賀卡就完成囉！

手帳

印章控

紙膠帶

鋼筆＋墨水

透明水彩

彩色筆＋鋼珠筆＋色鉛筆

紙因為你

Dream 星空字

地上的人們會對著星星許願,將夢想寄託於星空。深邃的星空一直是畫不膩的題材,只要有耐心,用三支筆就能畫出華麗的星空字囉!

How to make

01. 材料:水溶性色鉛筆(深藍色)、ZIG Brushables 雙頭雙色軟筆刷(淺藍色)、uni-ball Signo 牛奶筆。

02. 使用淺藍色的軟筆刷寫出 dream 字。

03. 用深藍色水溶性色鉛筆,將字的上半部著色成深藍色漸層。下筆不要太重,重複疊擦就可以有漸層效果。

04. 用牛奶筆點出大小不一的星星。

05. 用牛奶筆畫出十字星,就完成囉!

Spring 繽紛字

練習帳 № 23

繽紛字既簡單又能夠體驗墨水暈染的樂趣，效果多彩
帶著春天的氣息，不妨在自己的手帳上試試看。
配色的祕訣在於字體本身要用淺色的顏色書寫，用少
許鮮豔的顏色點上，就很好看囉！
沒有墨水的朋友，用水彩代替也可以唷！

How to make

01. 材料：Mira 竹筆、Automatic Pen 沾水筆、Ecoline 墨水、UCCU 厚磅卡紙。

02. 用沾水筆沾取淺粉色的墨水，寫出 Spring 文字。

03. 趁墨水未乾前，用竹筆沾黃色墨水，點在字上。

04. 趁墨水未乾前，用竹筆沾綠色墨水，點在字上。

05. 趁墨水未乾前，用竹筆沾桃紅色墨水，點在字上，等墨水乾透就完成囉！

手帳

印章控

紙膠帶

鋼筆＋墨水

透明水彩

彩色筆＋鋼珠筆＋色鉛筆

紙因為你

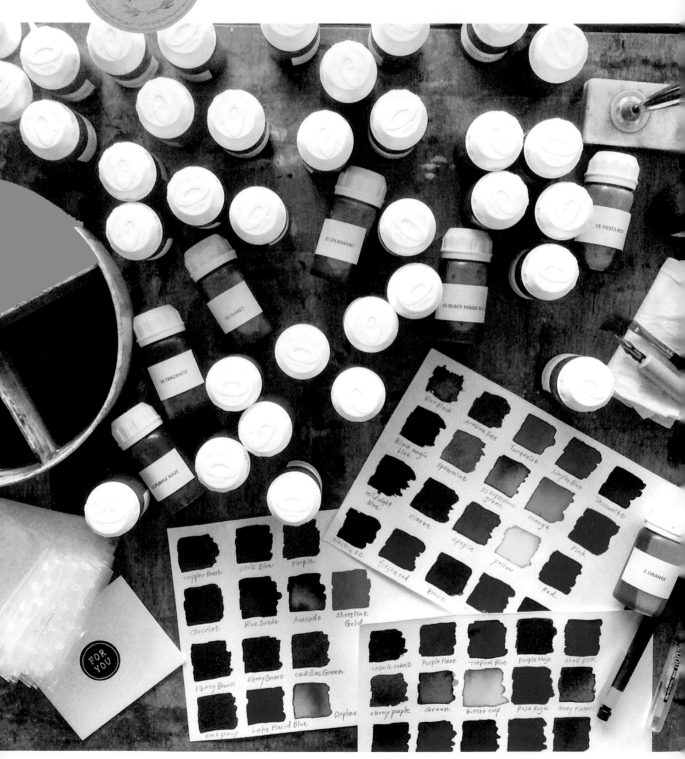

鋼筆＋墨水
一
筆尖下的古典時尚
與浪漫色調

裸裝的各色樣本，
彷彿身處色彩實驗室。

手帳

印章控

紙膠帶

鋼筆＋墨水

透明水彩

彩色筆＋鋼珠筆＋色鉛筆

紙因為你

墨水實驗室

一般我們都是直接從市面上購買各種包裝好的墨水；這些樣本瓶是因為與鋼筆工作室合作設計墨水包裝的關係，我拿到未經包裝、原始、裸裝的各色樣本，再搭配針筒來吸取各種顏色，彷彿身處一個色彩實驗室。

i nformation

about NIN

國立台灣藝術大學視傳系畢業。

於 2005 年踏入同人誌販售會持續摸索原創作品。現為自由創作者，以發表插畫和漫畫作品為主，除了接案、籌辦展覽，也開班授課分享繪畫技法。

Facebook：NIN
Instagram：nninninninn

針筒與實驗室專用容器

在實驗室工作的學生分享了這個容器，它的密封特性很適合裝墨水四處分送。

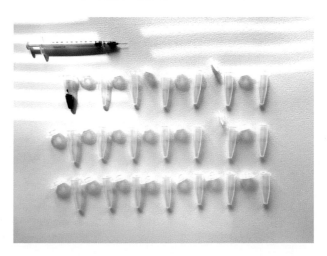

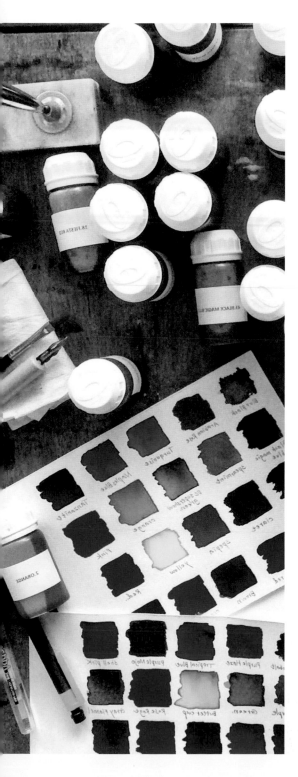

練習帳 No.24

樹葉（基礎技法款）

挑兩種顏色的墨水，不打稿直接用水彩筆沾墨
水去勾勒樹枝與樹葉，讓顏色率性混合，呈現
雙色的曼妙。

fourtaen pen ink
sketch for leaves.
20/80/19
by NIN.

手帳

印章控

紙膠帶

鋼筆＋墨水

透明水彩

彩色筆＋鋼珠筆＋色鉛筆

紙因為你

How to make

01. 先將紙局部打溼。

02. 從水周圍放第一個顏色。

03. 慢慢描繪出葉子輪廓。

04. 帶入第二個顏色。

05. 勾勒整個葉片同時畫出樹枝。

06. 繼續描繪第二片葉子。

07. 持續增加，在未乾的情況下一氣呵成。

08. 再往旁邊加粗樹枝，製造深淺與粗細便可收筆。

ink paint
80/80/03
by NIN.

練習帳 No 25

樹與少女（進階技法款）

延續雙色墨水為主，增加主題性，讓人物加上
樹影的前後層次，豐富構圖。

How to make

01. 先用鉛筆打稿，畫出人物輪廓。

02. 將紙局部打溼。

03. 從水周圍放第一個顏色，也形成頭髮顏色。

04. 往下延伸，同時拉出樹枝與樹葉，完成第一層。

05. 第二層帶入第二個顏色。

06. 在前景描繪較細緻的樹枝與樹葉。

07. 除了臉部周圍也包含下方。

08. 同時加強頭髮的陰影與線條，並在臉上加入淡淡的樹影。

09. 最後加強前景的顏色便大功告成。

手帳
印章控
紙膠帶
鋼筆＋墨水
透明水彩
彩色筆＋鋼珠筆＋色鉛筆
紙因為你

因為鋼筆墨水而相聚，
因為喜歡美好事物而創作。

一開始只是因為鋼筆不同於以往的書寫經驗，覺得新奇而接觸。
後來發現彩墨的色彩變化十分的豐富，有的是色彩積墨的反光，
有些則是因停頓而呈現的色彩濃淡變化。加上各廠牌出的瓶子
也都不同，各式形形色色的瓶子與外盒更是吸引著我們。

about 默代誌

取自閩南語「沒事」的諧音，堅信只
有在空閒無事時所做的事情才是自己
真正喜愛的事物。由兩位因為鋼筆墨
水而相聚，因為喜歡美好事物而創作
的女子組成。

FB：默代誌
https://www.facebook.com/modaizhi/

i nformation

鋼筆＋墨水

透明水彩

彩色筆＋鋼珠筆＋色鉛筆

紙因為你

Faber-Castell Violef Blue
墨水花圈

鋼筆墨水跟一般繪畫媒材不同，既使乍看之下都是同一個顏色，但暈染開將會發現每家廠牌組成的「原色」都不相同，這種特性就算以單一色來做創作也能使畫面不單調。

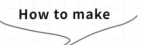

How to make

01. 準備好想試色的墨水與紙張、沾水筆、水筆、鉛筆等所需的工具。

02. 用鉛筆打稿，畫上大致的圖樣與位置。

03. 沾水筆沾墨描線。

04. 用水筆沾取沾水筆上的墨水，做暈染上色。

05. 水筆直接沾墨使原瓶墨水打翻、變質的可能。

06. 畫面重點線條加強。

07. 寫上墨水廠牌、顏色名稱與實際書寫顏色。

08. 試色完成！

手帳

印章控

紙膠帶

鋼筆＋墨水

透明水彩

彩色筆＋鋼珠筆＋色鉛筆

紙因為你

Levenger Blazing Sunset
墨水雲朵

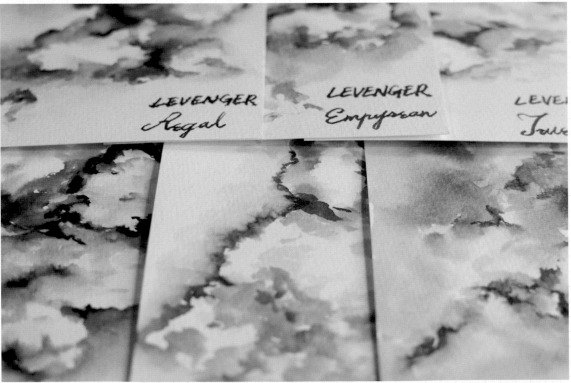

How to make

01. 使用沾水筆沾瓶中墨水。

02. 讓水筆直接沾沾水筆上的墨水，避免直接沾瓶內的墨水，以免墨水變質。

03. 隨意做不規則形暈染、留下雲朵中最白處。

04. 利用沾水筆做重點暗處、細節加強。

05. 若加太突兀則可在用水筆染開，使外框自然漸層。

06. 寫上墨水廠牌、顏色名稱與實際書寫顏色。

07. 試色完成！

手帳

印章控

紙膠帶

鋼筆＋墨水

透明水彩

彩色筆＋鋼珠筆＋色鉛筆

紙因為你

透明水彩

用清透色調畫出
簡簡單單的快樂

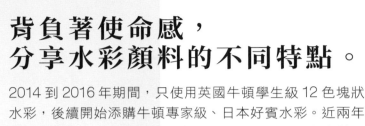

背負著使命感，
分享水彩顏料的不同特點。

2014 到 2016 年期間，只使用英國牛頓學生級 12 色塊狀水彩，後續開始添購牛頓專家級、日本好賓水彩。近兩年很感激廠商、美術社陸續提供試用，如：白夜、索奈特、Zecchi、申內利爾 .... 等等，但也背負很大的使命感，跟粉絲、同學分享這些水彩顏料的不同特點。

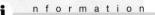 **i** n f o r m a t i o n

about 雪莉，插畫家

原本只是平面設計師，普通的上班族，某年右手腕引發肌腱炎，大拇指關節鬆脫，後來離職開刀、休養，從 freelancer 身分重新開始接案工作。2014 年深受重視吃又懂視覺美感的朋友影響，讓我想拿起畫筆，這是很美麗的意外，加上我很喜歡甜點，隨著朋友的鼓勵，開始 Instagram 分享、成立粉絲團、案件邀約、開課，讓我多了一個插畫家身分。

Facebook：雪莉畫日誌
Instagram：sherry8296

手帳

印章控

紙膠帶

鋼筆＋墨水

透明水彩

彩色筆＋鋼珠筆＋色鉛筆

紙因為你

+ ● = ●

● Charmine

● Maddelake
Red Light

● Chromium
Oxide

Roll
Cake

Shirly Huang

草莓巧克力蛋糕捲

甜食我非常喜歡巧克力口味，尤其微甜帶苦不膩口。百搭又鮮豔色調的草莓、奇異果，搭配深色系的巧克力蛋糕，形成對比的配色更能顯出甜點的可口。

How to make

01. 鉛筆打稿：可以先以線條在紙張上定位。 再畫出每個元素細部輪廓線。

02. 巧克力蛋糕捲：土黃色＋深棕色畫底色，趁半乾再繼續加深棕色增加層次。

03. 巧克力蛋糕捲側邊：一樣土黃色＋深棕色畫底色，整面記得有深淺變化，才有層次美感。 趁半乾以深棕色加強細部暗面和小凹洞。

04. 剖面草莓：黃色＋朱紅色調淡，水分不要太多，直接在紙張上畫薄薄一層，然後再 以紅色系畫邊緣，讓顏色自然暈開（＊奇異果：黃色＋綠色畫底色，再加深藍調深，加強暗部。）。

05.
＊奶油：以濁色調淡，畫暗面（注意：避免顏色重重）。
＊奇異果：加上籽，以深綠加強立體感。

06.
＊整體觀察，加強及收尾。
＊灰黑色調（偏冷色系）畫陰影，分2～3次疊層次。

手帳

印章控

紙膠帶

鋼筆＋墨水

透明水彩

彩色筆＋鋼珠筆＋色鉛筆

紙因為你

練習帳 Nº 29

貝果輕食

單調形狀的貝果，搭配色彩明亮的太陽蛋
和蔬菜色調，更能凸顯輕食的新鮮美味。

How to make

01. 鉛筆打稿：可以先以線條在紙張上
定位。再畫出每個元素細部輪廓線。

02.

✷ 貝果：茶色＋深棕色調淡後上底色，
再繼續加深棕色疊層次。再繼續以茶
色、深棕色畫暗處。

✷ 蛋白：濁色畫暗面，記得要保持畫面
乾淨。

✷ 蛋黃：鎘黃上底色，亮面留白。趁半
乾時，黃色＋朱紅色調成橙色加強層
次。

✷ 火腿：紅色調淡後上底色。

✷ 蔬菜：樹綠色上底色，再加深藍調成
深綠畫暗面。

03.

✷ 貝果：茶色＋深棕色加強暗面，可部
份留筆觸，呈現貝果表面紋路。

✷ 蛋白：濁色加強邊緣暗面。

✷ 蛋黃：橙色加強邊緣層次。

✷ 火腿：紅色＋一點點茶色，加強層次
和暗面。

✷ 蔬菜：深綠加強暗面。

04.

✷ 蛋白：全乾後以深棕色＋黑色畫胡椒
粒。

✷ 灰黑色調(偏冷色系)畫陰影，分2～
3次疊層次。

透明水彩

用清透色調畫出
簡簡單單的快樂

時光的產物，
激發了創作靈感。

自從之前短居在日本開始，他們對於
老東西的珍惜、以及各式各樣的舊物
市集，都啟發了我對於老東西的愛。
漂亮的舊櫃子，植物標本和器具，在
收藏、整理的過程中，這些時光的產
物都帶給我不少創作上的的刺激和靈
感，我愛老物啊啊啊！

i nformation

about 漢克

以水彩創作為主，目前專職插畫 /
設計商品，以設計出「我自己也想
用」的設計文具當做主要創作精
神，從甜點畫到植物畫到雜貨，以
生活感作為主要呈現。

Facebook：每一天的手帳日記
Instagram：hanksdiary

植物標本

拿到了漂亮的相框時，總是想在裡面放入漂亮的植物標本。
留住了植物的姿態，也隨著時間增加了溫潤的色彩。用畫筆
來畫下簡單的植物標本吧！

How to make

01. 先以鉛筆畫下枝條，確定後可以運用軟橡皮按壓將鉛筆筆觸擦淡。

02. 用紫色、褐色和少許綠色調成乾燥過的枝條顏色，以筆尖細細畫下。

03. 將剛剛枝條的顏色調的更深，在轉折、交界的地方點綴，加入細節。

04. 枝條乾燥後，以鉛筆描繪固定用膠帶的外框，一樣以軟橡皮擦淡。

05. 以淺褐色畫在膠帶的邊緣，製造出層次。

06. 用褐色、綠色調製出乾燥的葉色，注意葉柄交界要細細的，比較細緻。

07. 加強葉尖、被膠帶蓋過部分的顏色，讓細節突出。

08. 最後以褐色、紅色調出乾燥果實的色彩。少少的加在植株上。

09. 喜歡標本的話，畫個小小的標籤也會是好選擇！

10. 用手撕的方式製造紙邊，並且以舊色刷過，製作出古紙的質地，完成！

-Tips-

盡量使用調色盤上的舊色，可以輕易營造出標本的舊色！ 另外，也可以試試看先將整張底紙染色，也會有不一樣的效果。

手帳

印章控

紙膠帶

鋼筆＋墨水

透明水彩

彩色筆＋鋼珠筆＋色鉛筆

紙因為你

練習帳 No 31

玻 片 標 本

玻片標本的標籤與手寫字是最美麗的部分，規矩的格式配上細細的標籤框，還有透明的玻璃質地，實用取向的標本卻有著理科的浪漫，看著就讓人覺得愛不釋手啊！

How to make

01. 先以鉛筆畫下整體輪廓，記得要畫上不同形狀的標籤，質感會更好。

02. 分別以淺藍色、淺褐色，畫上玻璃／標籤的底色。

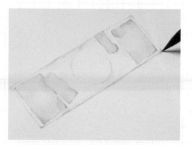

03. 將剛剛玻璃與標籤的顏色調得較乾／深，於邊緣的地方點綴，加入細節，做出紙張的前後陰影與玻璃的厚度。

04. 換上細筆，將標籤的外框與玻片的中央圈圈畫下，顏色要濃郁明顯，才能夠襯出玻璃的透明感。

05. 故意用不同的顏色，畫上標籤的格式／手寫的內文，會更有手寫的感覺。

06. 畫入玻片標本的內容物，用大量的水份染出內容液體的形狀。可以放入鱗片、小花穗等等不同標本本體試看！

07. 最後用牛奶筆畫出小小的光點，象徵玻璃的反射與光澤，完成！

-Tips-

標籤的說明紙可以用幾種不同的舊色，只要都混有些許褐色，就不太會有不搭配的問題。也可以用鉛筆、鋼筆沾水筆等等來書寫標籤，都會有不同的質地。

更多精采透明水彩技巧和作品，請參考漢克個人書《漢克，我想跟你學畫畫！》。

手帳

印章控

紙膠帶

鋼筆＋墨水

透明水彩

彩色筆＋鋼珠筆＋色鉛筆

紙因為你

oti (1886)

30 juillet
la

For You

收集動物們的欲望，
讓我對插畫保持滿滿熱情！

手帳

印章控

紙膠帶

鋼筆＋墨水

透明水彩

彩色筆＋鋼珠筆＋色鉛筆

紙因為你

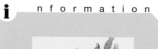

information

about 庫巴

誤打誤撞走上插畫路的大男孩，動物系水彩插畫為出發，近期也嘗試許多不同媒材與風格的創作，目標是用自己的插畫蓋一座充滿故事的小鎮！

Facebook：森林塗鴉本
Instagram：bearkoopa

朋友們眾所周知不愛花錢的我，錢包還是有個罩門的，就是可愛的動物們！常用的貼紙印章到玩具擺飾，總是讓我消費控制大破功，一件件抓去結帳。常常在想，或許就是這種一點一點把動物們收集起來的欲望，讓我對插畫始終保持著滿滿熱情呢？

狐狸標籤肖像

今年迷上寫手帳的我開始了「自己的貼紙自己畫」的時光，而目前畫的最開心的就是動物們的標籤肖像，一起來畫畫狐狸先生吧！

How to make

01. 鉛筆描繪標籤外框以及狐狸，線條盡量簡單俐落，也不要畫的太深。

02. 從狐狸的橘色部分開始上色，局部多對上一點紅色作出層次；與臉下半部白色的邊界，可以用筆稍微帶開會比較平順。

03. 在耳朵部分還沒全乾的時候，染上黑色，邊界也用筆帶開處理。

04. 上色服裝，內側、領口有陰影的地方可以用深點的地方蘊染增加細節。

05. 等前幾個步驟上色的部分乾後，將標籤內的水藍底色填上；塗滿過程中可以交互使用一點深藍還有綠色營造層次。

06. 描繪標籤外框，除了示範的內粗外細樣式外，也可以自由嘗試發想不同的組合。

07. 使用細筆畫出五官以及臉部輪廓。

08. 疊上細節，包含身體的毛流以及服裝上的皺褶陰影等等。

09. 在最後用較深的顏色作加強後，就完成囉！

手帳

印章控

紙膠帶

鋼筆＋墨水

透明水彩

彩色筆＋鋼珠筆＋色鉛筆

紙因為你

How to make

01.鉛筆邊線一樣要清楚俐落，這時可以先輕輕帶上服裝上的皺褶部分。

02.從臘腸的臉開始，先畫下半部褐色的部分後再畫上半的黑色部分，畫到交界處要注意筆上的水量不能太多，蘊染的效果才會比較平順。

03.上半身服裝的繪製，圍巾跟外套上色時用水分作出層次；白色的衣服先用淡淡的紫色畫出陰影變化，之後再上花紋。

04.褲子皺褶較多或陰影較重的地方用較深的顏色蘊染打底；塗色時可以順著皺著留白，作為皺褶的亮部。

05.鞋頭可以順著形狀留白，作出皮製品反光的感覺。

06.等前些步驟的部分乾燥後，用較深的顏色加強陰影變化，增加畫面的層次感。

07.用白筆畫上眼睛，並補上五官。

08.用細筆描繪邊線，這時除了用邊線讓色塊的邊緣更平順外，同時加強皺褶以及鞋帶等細節。

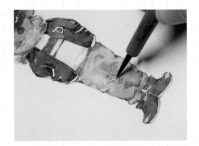

09.最後用白色水彩點綴亮部，作最後的修飾，完成！

-Tips-

除了水彩紙之外，目前市面上也有空白貼紙可以讓大家使用，雖然繪製的手感跟水彩紙大不相同，但真的隨畫隨貼非常方便，對於熱衷自己畫圖裝飾手帳的人可以說是超級好朋友。

臘腸少年

在開始手帳拼貼後，我發現手帳畫面上還是需要有主角的。雖然有很多漂亮的貼紙可以選擇，但我有時候也是希望能讓動物們作為自己手帳的主角！

更多精采的插畫作品，請參考庫巴個人書《小王子的飛行日誌》

彩色筆＋
鋼珠筆＋色鉛筆
—
買不夠，不嫌多，
塗塗寫寫的好朋友

永遠買不完，
讓荷包破大洞的
SARASA CLIP！

頭號收集癖是 SARASA CLIP，它實
在太邪惡出太多聯名款了，要買也很
難買完，而且荷包的錢很容易花完，
所以決定每個聯名款買一個顏色就好
啦。另一個收集癖是買單枝的色鉛筆，
除了愛用的牌子之外，也常到美術社
挖寶，搜刮一些奇怪的顏色和奇怪的
牌子。

i nformation

about Mikey

部落客、作家、文具店店員、媽媽，不管 24 小
時夠不夠用，都要借一點點時間來寫手帳。

Facebook：倔強手帳
Instagram：mikeyuiop

手帳

印章控

紙膠帶

鋼筆＋墨水

透明水彩

彩色筆＋鋼珠筆＋色鉛筆

紙因為你

生日手帳

為了證明只要 SARASA CLIP ＋色鉛筆就能完成很豐富的手帳，
我們就來忍住不用貼紙和紙膠帶吧！而且我不會高深的繪畫技巧，
我們只要一起簡單妝點手帳就好了，大家都可以做得到。新年的第
一天就是我女兒的生日，就用這個當題材，趕快拿起筆來試看看繽
紛快樂的生日手帳要怎麼寫吧！

How to make

01. 好玩的外框字：用油性色鉛筆畫外框字，兩行不同顏色。想要更繽紛可以每個字都用不同顏色喔！

02. 加上底色：用水筆沾水性色鉛筆來畫一團雲，我選擇亮亮的金黃色。不用擔心會跟剛剛的字混色，因為油性色鉛筆跟水是不相溶的。放膽畫就對了！

03. 加上主題的細節：該是 SARASA CLIP 出馬的時候了。畫上壽星的臉，寫上她幾歲，最後再用繽紛的顏色呈現灑花的感覺。壓在水性色鉛筆上完全沒問題！

04. 色鉛筆小插圖：用油性色鉛筆再畫一些簡單的小插圖，不用複雜的技巧，一個顏色畫一個就可以了，放心地壓過水性色鉛筆畫吧。到這邊差不多完成一個畫面的主要視覺了。

05. 空白處寫內文：拿出 SARASA CLIP 開始寫文字，因為剛剛已經繽紛的了，文字就不要太亂，以黑色為主，重點部分再換顏色即可。

06. 繽紛的小註記：寫不過癮的部分，上面還有空白處，用彩色的 SARASA CLIP 寫滿它！這樣就完成了滿滿一頁豐富的手帳囉！

手帳

印章控

紙膠帶

鋼筆＋墨水

透明水彩

彩色筆＋鋼珠筆＋色鉛筆

紙因為你

從無到有月計畫手帳

月計畫常常空白，或是用貼紙、紙膠帶充場面嗎？只要有 SARASA CLIP 和色鉛筆，一樣可以讓月計畫滿滿滿喔，而且沒有很難的什麼疊色技巧之類的，只要開心畫下去就 OK！來吧，動手，從無到有！

01. 寫上行程：第一步就是最基本的把行程填上去。只需要簡單的顏色就好，盡量挑深色的筆來寫喔。寫完是不是覺得這月計畫有夠單調無聊呢？

02. 色鉛筆的主題聯想：接下來是色鉛筆出動的時候了，用行程主題去聯想簡單的圖。像是親子館多麼難畫啊，就用小朋友最喜歡的積木代表囉，幾何圖形繽紛又簡單。公園最快聯想到樹，只需要幾筆綠色、咖啡色就完成，心有餘力可以加上太陽。乳膠枕怎麼想都是沒有畫面，那就讓他光芒四射就好了，挑兩個顏色的色鉛筆撇幾撇就完成啦！

03. 填滿色塊法：讓寫字的地方留白，邊緣塗滿，也是很棒的填滿月記事小撇步喔，迅速滿格！

04. 外框圖形法：想到要畫麻辣鍋就頭痛，就用辣到發火的意象來呈現吧！簡單挑兩個顏色的色鉛筆，用火的形狀把寫的字框起來就完成了！

05. 鋼珠筆的主題聯想：有時候要畫比較精細一點點的圖案，色鉛筆就不適合，該是 SARASA 出場的時候。CITYLINK 現在是恐龍的主題，所以就畫一隻恐龍。至於誠品聚會實在是腦袋一片空白，腦袋空白的時候記得搬出幾何圖形來使用，畫一堆圈圈圍住它就填滿這格了。

06. 特別的行程特別畫：女兒生日太重要了，所以一開始沒有用一般的字寫上去。這邊用 SARASA 幫女兒的一歲生日作特別設計喔！

07. 用擦擦筆加上對話框：差不多月計畫整體有點樣子了，但是還是覺得略空，這時候可以加上對話框內心 OS。切記！這邊建議用擦擦筆來寫（而且個人滿喜歡擦擦筆那種特別的顏色），例如圖中 30 號如果突然有行程要寫，就可以把對話框擦掉，千萬不要大辣辣的用一般筆寫下去，否則突然有行程就沒格子可以寫了！

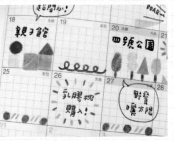

08. 主題延伸法：空白的格子可以延伸隔壁的主題顏色，讓格子底部也很可愛。注意千萬不要畫整格啊，要留後路給突然加入的行程喔！QQ 的線和幾何圖形就是最簡單上手的囉！

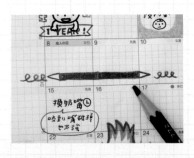

09. 畫一枝手邊的筆：突然發現有一長條接連幾天的空白，而且隔壁也沒有主題可以延伸怎麼辦呢？這時候需要一個長型的圖，所以畫筆是最好的了，手邊剛好有一枝赤青鉛筆，就畫上來吧！

手帳

印章控

紙膠帶

鋼筆＋墨水

透明水彩

彩色筆＋鋼珠筆＋色鉛筆

紙因為你

彩色筆＋
鋼珠筆＋色鉛筆
＝
買不夠，不嫌多，
塗塗寫寫的好朋友

創作是件美好的事，
用著喜歡的畫材，
溫暖又舒心！

i nformation

about 艾莉

畫圖絕對是人生中不可或缺的事，
看到畫材、文具眼睛就會閃閃發
光，目前身分是太太、孩子的媽、
上班族、以及修行中的插畫作者。

Facebook：艾莉。生活日誌
Instagram：wind7210

比起鋼筆、紙膠帶…各式文具界的熱門寵兒，我更熱衷在各式美術用品上。其中最喜歡，擁有最多的就是色鉛筆了。

為什麼偏好色鉛筆？首先就是美觀取勝，畫圖時一字排開的氣勢看了舒心，或是平日放在桌上，文青等級立刻上升！（欸）

好啦！講正經的，色鉛筆不但隨手可畫、混色容易，畫出來的筆觸溫暖舒服，一筆一筆的畫，加上鉛筆本身的木頭香氣，讓我常常深陷其中而忘了時間。創作本身就是件美好的事，使用喜歡的畫材，美好的感受加分！

手帳

印章控

紙膠帶

鋼筆＋墨水

透明水彩

彩色筆＋鋼珠筆＋色鉛筆

紙因為你

How to make

01. 畫出草稿，將多餘雜亂的線條擦拭乾淨。並用軟橡皮稍微壓過一兩次，留到自己看的到的程度就好。

02. 配置好大概的色調，將女孩畫上第一層底色。另外我習慣先上光澤色，所以會先上最亮的髮色。

03. 畫上第一層陰影，頭髮則是畫上預計呈現的髮色，再用留白的方式留下光澤區。

04. 再疊上第二、三層更深色的陰影，我會將些許物件畫上隨意的點點。

05. 用深咖啡色為主體繪製線稿。

06. 背景上底色，加上些許泡泡。

07. 慢慢疊加陰影，並將月亮、窗框瞄出線稿，讓背景更突出些。

08. 以白色牛奶筆畫上各反光處，添加一些活潑感，就完成這幅小作品囉！

手帳

印章控

紙膠帶

鋼筆＋墨水

透明水彩

彩色筆＋鋼珠筆＋色鉛筆

紙因為你

和女兒朝夕相處也一年多了，
每天哄女兒睡覺是最幸福也最難熬(？)的時光。
老是靠意志力和催眠音樂搏鬥。
有時也會跟著哼給她聽。

How to make

01. 畫出草稿。

02. 使用深黃色加咖啡色系畫上髮色，通常畫頭髮時色鉛筆會特別保持尖度，喜歡看得出來有髮絲的感覺。

03. 畫上膚色，用粉色畫出陰影，腮紅紅輕輕從中心往外畫，做出類似暈染的感覺。

04. 衣服一起上色，通常我會在衣服邊緣留下白邊，顏色比較不會混在一起，也有隱形白線的效果。

05. 使用咖啡色系畫出樹枝，深咖啡色在各處隨意上一些，製造立體感。

06. 使用綠色系畫出樹葉，用深綠色淺淺的描繪葉子邊緣。

07. 畫上紅色果實，再用黃色描繪樹枝及人物邊緣，邊緣點綴些藍色。

08. 用最深的咖啡色勾出五官、線條。

09. 最後用牛奶筆帶出反光，紀念圖就完成囉！

手帳

印章控

紙膠帶

鋼筆＋墨水

透明水彩

彩色筆＋鋼珠筆＋色鉛筆

紙因為你

彩色筆＋
鋼珠筆＋色鉛筆
＝
買不夠，不嫌多，
塗塗寫寫的好朋友

最喜歡的彩色世界，
無法停止的
色彩搜集癖好！

雖然最喜歡藍色，但在自己作品裡最容易出現的是彩虹般的七彩顏色，大概是彩虹總給自己好預兆的感覺，又或是看到七彩的顏色可以讓灰暗的心情一掃而空，充滿歡樂氣氛。

彩色筆是最早接觸到的色彩工具，喜歡依照彩虹般的色階把彩色筆排好在收納盒裡面，只要一支筆就可以畫出物品的顏色，是一種充滿童趣的上色方式。從細筆頭買到寬筆頭再到像毛筆般的毛刷筆頭，每一種都有不同的上色效果。上高中時還學會了彩色筆也是可以用來疊色，創造出不一樣的色彩，也可以做出物品的立體明暗效果。就這樣，發現一支新出好看的顏色就會買來收藏，慢慢的彩色筆也越來越多。

到現在最喜歡的畫畫工具是色鉛筆，因為顏色很多畫畫時不會弄髒手，把不同的顏色放在一起又會堆疊出新的顏色。從小時候的 12 色到 24 色，一直到最近買過最大一盒的 150 色，好像對顏色沒有克制力一般的拼命在搜集著。後來開始認識色鉛筆原來有分水性、油性分別可用不同的工具讓他們又變得更有趣也更有層次。接著跟大家分享我畫畫的技巧和方式吧！

1 TOMBOW 蜻蜓牌色辭典色鉛筆
2 KOH-I-NOOR 魔術色鉛筆
3 Prismacolor 油性色鉛筆
4 三菱超細針頭式中性筆
5 ZIG 雙頭平頭麥克筆
6 筆 Touch 柔繪筆
7 Marvy Le Pen
8 彩虹色鉛筆
9 水縞雙頭色鉛筆
10 Pentel Color Pen 彩色筆

11 吳竹彩繪毛筆
12 Kirarina X mizutama 限定聯名香香筆
13 ZIG BrusH2O 細字水筆
14 Uni-ball 粗字牛奶筆
15 馬可威水彩筆
16 Tombow zero 細字橡皮擦
17 holbein 油性色鉛筆調和筆
18 MUJI 削鉛筆器
19 G. CARAN d'ACHE BLENDER 調合鉛筆
20 MUJI 油性色鉛筆

about 鄧小熊（鄧家瑛）

出生於香港在台灣長大，喜歡吃更喜歡做菜，喜歡看繪本更喜歡動手畫畫。著有《原來手帳這樣玩》一書。

Facebook：facebook.com/bear.ingrid0423
Instagram：it0423

色鉛筆油性跟水性對我來説最大的不同是可否用水去溶解,一直以來偏好用油性色鉛筆,是因為不用擔心畫作容易被損壞,顏色比較飽和。水性色鉛筆可以用水把顏料融開做出像水彩的上色效果,這點油性色鉛筆也有出專門的「調和棒」用來把顏色推勻,但調和棒有時候會挑品牌而不容易使用,這時候我就會拿「白色」油性色鉛筆來把顏色推勻,這樣也可以做出像是玻璃一樣光滑的質感呢!

How to make

01. 用短細的小線條先把鼻子和嘴巴的顏色慢慢地填滿。

02. 用長線條沿著手的形狀上色，一筆一筆慢慢疊色，重疊的地方會出現木頭般的紋路。

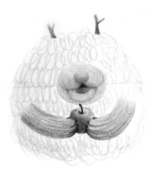

03. 用白色色鉛筆把鼻頭跟蘋果上的顏色推開，會有光滑的效果。

04. 身體的綠色，用畫圓的方式大小不同的圓慢慢上色，製造出澎鬆感。

05. 加上眼睛，用深色的綠和藍色畫出身體的陰影。

06. 腳用剛剛畫手的方式，把木頭紋路畫上。

07. 用水性色鉛筆在腳邊畫出陰影，再用水筆把顏色推開。

手帳

印章控

紙膠帶

鋼筆＋墨水

透明水彩

彩色筆＋鋼珠筆＋色鉛筆

紙因為你

練習帳 №39

彩色筆最大的特色就是色彩鮮豔,缺點是遇到水就會暈開。後來發現他的缺點正好也是他的優點,可以用水把不同的顏色暈染在一起。因為彩色筆顏色清透很適合拿來層層堆疊上色,疊得越多層顏色會越深,可以做出物品的立體感和厚度。也可以用線條密集或疏鬆的方式來創造出物品質感或陰影,是很有趣的上色工具呢。

How to make

01. 先把外框線條畫出來。

02. 依照身體的輪廓，用線條畫出區塊。

03. 用水筆把顏色染開（重複這樣的上色動作可以讓色彩自然地融合在一起）。

04. 用彩繪筆大面積的上色。

05. 用水筆把顏色融合在一起並做出明暗變化。

06. 最後用彩繪筆在腳邊畫上陰影。

07. 完成。

更多鄧小熊的精采創作，請參考《原來手帳這樣玩》個人書作品。

手帳

印章控

紙膠帶

鋼筆＋墨水

透明水彩

彩色筆＋鋼珠筆＋色鉛筆

紙因為你

紙因為你
一
便箋＋標籤＋紙素材……
停不下來的紙之路

紙製品狂熱，
文具人、拼貼控無法痊癒的病症！

啊哈，先來自首一下，這張照片裡面的收集品只是很小的一部分，但是實在拍不進去，只好簡略呈現。紙製品狂熱大概是文具人必備的病症吧！加乘上拼貼控的倉鼠病，等於要爆炸的房間。

大概是八多年前開始，發現拼貼的樂趣之後，對票券啊，郵票啊，票根啊，包裝紙啊，收據等等各種紙片充滿愛戀，當然，貼紙也絕對是收集的名單之一，從便利商店的特價貼紙到水果上黏著果皮的標籤，外國朋友寄來的包裹總會找到美麗的郵戳，絕對不可放過，郵幣社挖到的老明信片和外國郵票，連包裝上的價格標都要，簡而言之就是無一不收。這種加乘型的狂熱還包括各種能找到不同材質的紙張，疊加的層次有無數可能，從十元商店的包子襯紙到大創的吸油紙通通納入麾下，每種紙張都得試著染色，製造屬於自己的拼貼材料，在不可思議的地方找到可以用的紙張委實為生活樂趣之一。

接觸到印刷廠之後簡直是開通了另外一條康莊大道，一般市面上買不到的美術紙，入手！特殊印刷專用紙張，入手！各種能想像得到的紙張通通有機會！人生還能有多少快樂呢？

票券、郵票、票根......是標配！

市面上買不到的美術紙當然要入手！

i nformation

about 林家寧
（吉・LCN Design Studio.）

熱愛各種手藝、器官以及任何形式的標本。喜歡什麼就會一頭栽進去的性格，大概還要再加上很多點不服氣。死心塌地、對人、對事、對物，都一樣。但求無愧於心。哎呀大家好，我是林家寧，來自台灣。

Facebook：吉。
Instagram：linchianing

手帳

印章控

紙膠帶

鋼筆＋墨水

透明水彩

彩色筆＋鋼珠筆＋色鉛筆

紙因為你

那封信素材收納冊

學會各種網購之後跨國購物再也不是難事，收到包裹除了忙著驚嘆包裝之外，最重要的事情就是蒐集外袋上的各種戳章，舉凡郵戳，海關戳，日期戳，各種戳都是目標收集品。

有時候會收到貼滿各種標示的包裹，寄出的人大概是包含了許多珍重的心意，小心輕放的貼紙條有五張，請勿重壓的貼紙條有三張，感謝郵差的貼紙有一張，還有數十張終於湊齊高額郵資的郵票，整個包裹還未開封即已感受到小心翼翼。

試著把這種感覺帶入，讓它來守護從各處收集來的紙片素材吧！

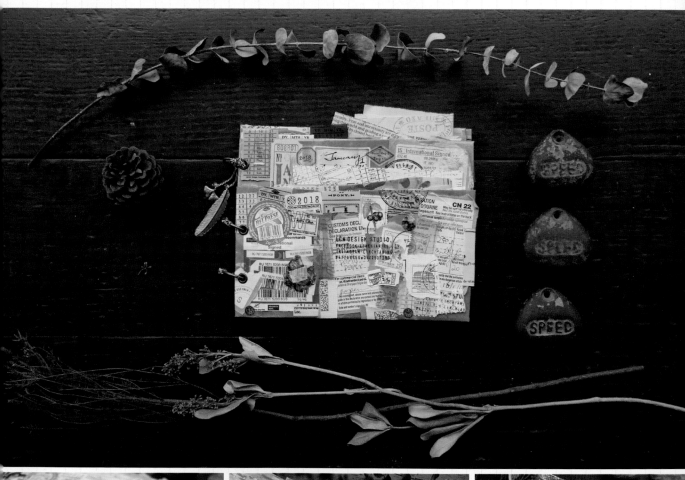

How to make

01. 重點是要營造出歷盡風霜的包裹感，所以使用包裝印刷品的牛皮油紙，上面已經有原本的膠帶痕跡，這是保留的重點。透明膠帶不僅能很好地創造出包裹的感覺，也能加強紙袋的堅固度，非常好的幫手。

02. 摺法一樣很簡單，上下先往內摺以後，左右往後摺約一公分，要多寬或是多長都隨個人喜好。在這裡設定的是左邊打孔，所以左邊可以捲摺一次，加強支撐。用膠帶固定就好，越隨意會越自然喔。

03. 簡單的口袋已經做好了。試著收納看到處找來的材料吧！也可以收任何你想收的東西，總之是沒有限制的用途。覺得尺寸不合適就拆開來再摺一次，各種摺痕也能營造出歲月感喔。

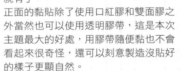

04. 準備好拼貼會用得到的各種材料，茶包袋，郵票，自製日期票券，英文報紙（去便利商店買就會有一堆可以用），蓋印染色的紙片，自家貼紙與英文書內頁（去舊書店買一本可以用超久），各種用得到的都拿出來擺桌上才看得見。拼貼的時候除了配置畫面輕重還要考慮主題，當然也可以什麼都不想，但這次把主題設定在顏色，所以素材準備也要朝顏色去作分類。

05. 試著貼貼看吧，勇敢地貼上去，反正是個隨意黏的紙袋，貼壞了再黏一個就有了。
正面的黏貼除了使用口紅膠和雙面膠之外當然也可以使用透明膠帶，這是本次主題最大的好處，用膠帶隨便黏也不會看起來很奇怪，還可以刻意製造沒貼好的樣子更顯自然。

06. 哇啦～完成了！拼貼的風格是以歷盡風霜的那封信為主軸，輔以顏色重點，貼滿或留空都隨意，端看個人喜好。收納袋都需要標籤，在這裡用的是自製日期票券來作區別。

07. 已經貼好的幾個顏色口袋疊在一起看看感覺，拼貼的時候不用看前面貼好的，只要抓緊主題前進就能製作出非常多有系統而各具特色的拼貼。

08. 把左邊捲摺處隨意地分成三等份，依序打上雞眼釦，使用市售的文件鐵圈就完成囉～這個做法的優點是在於膠帶貼得越多，紙口袋就會越堅固，但不是一開始就狂黏猛貼，隨著使用的時間越長，表面拼貼翹邊角的地方會漸漸出現，而在這樣的時候才黏上新的膠帶。讓收納夾隨著時間一起成長，是個很好玩的做法，請務必試試看（笑）

手帳
印章控
紙膠帶
鋼筆＋墨水
透明水彩
彩色筆＋鋼珠筆＋色鉛筆
紙因為你

雲淡風輕風琴夾

練習帳 No. 41

拼貼材料除了由外界取得，另外一個來源就是自己創造，蓋章的小紙片，染色的紙片，蓋完章再染色的紙片，無數紙片，製造太多拼貼素材的困擾就是很難分類，就由這個簡單的風琴夾來幫忙吧！

大概需要 20 個才夠分吧.... 我的日常生活不算是很有規律，但材料一定要有規律，否則動工時又得開始找找人生多悲催啊！這個風琴夾想呈現簡單的風格，材料也很簡單，外皮是高磅數的美術紙，要夠厚才能撐得住裝滿紙片的內裡，風琴夾本體則是使用大創的吸油紙，這種紙張很堅韌，正好適合拿來擔任收納這份粗重的工作。

偷偷説，試著蓋章看看吧～

How to make

01. 高磅數的美術紙用手撕出不規則邊緣，會讓作品呈現較隨意的風格而不那麼死板，這裡使用的為某紙廠進口美術紙。厚的紙張比較不好撕，要稍微用點力氣，紙張的絲向也會對撕出來的樣子有影響喔！

02. 抓個很隨意的尺寸，大約就好，重點是要符合自己的使用習慣，這裡採用的尺寸為上蓋 3 公分，厚度 1 公分，本體 11 公分，底部厚度也是 1 公分，正面下蓋為 8 公分，寬 18 公分。

03. 使用尺和美工刀的刀背劃出摺痕，我個人習慣用鐵尺，比較重但是不容易被美工刀割壞。畫好摺痕後外皮很簡單就完成。使用大創的吸油紙摺出圖左所示，記得上下要先往內摺喔～

04. 左右內摺處用雙面膠黏合，簡單的紙口袋就完成了！也可以用口紅膠或其他黏貼工具。要做幾個紙口袋當然一樣是隨意，依個人喜好決定，這裡製作了六個口袋。

05. 把剛剛做好的紙口袋大方地揉皺再攤開，請放心，這種紙張夠堅韌，所以揉皺後也不容易破掉。這樣的做法會讓紙袋看起來非常隨性，很符合雲淡風輕的意味。

06. 把處理好的紙口袋全部接在一起吧！這裡使用口紅膠來做接合，只需要黏貼中間就可以了，這樣可以創造較大的收納空間。

07. 跟外皮結合，第一個口袋和最後一個口袋與外皮相黏就可以了，只黏貼中間也可以，全面性地黏合也可以。簡單的風琴夾就做好了抓個合適的位置打上雞眼釦，穿入綁繩就可以開始收納了。

08. 最後請隨性地拼貼出自己喜歡的風格。

更多精采創作，請參閱吉。的個人書作品《歐風復古手刻章》。

i nformation

about Pooi Chin

來自馬來西亞。
以紙鈔換紙張，沉醉在文具的空間裡。

Instagram：pooi_chin
個人書作品：《Pooi Chin 戀手帳》

紙因爲你
—
便箋＋標籤＋紙素材……
停不下來的紙之路

紙！
手作的初始，
根本的工具，
靈感的來源。

説起紙張，腦海裡浮現的情景是：手指輕輕地拿起了一張摸起來帶著粗燥，看起來有點泛黃的老紙，聞起來像是古老的味道，這是從一本古書籍抽出的其中一頁；再翻出另一張，發出微微類似波動玻璃的聲音，紙張帶點透視的感覺，多了一份性感，這是一張描繪紙……翻動紙張發出的聲音扣人心鉉，不禁讓人會心一笑。

紙張，因為是手作最原始，根本的工具，變化無窮，激發起無限創作的靈感，也最深得我心。

練習帳 No 42

紙製品收納袋

以不同的袋子把收集的郵票、票根分門別類收納，每次翻開都是一種滿足感。

How to make

01. 集合幾個不同的信封或袋子和拼貼的紙張（半透明或有透視窗的信封會讓整體效果更佳）。

02. 為了讓袋子的開封方向一致，可以把原有的修剪掉，再以另一張紙補上一個封口。

03. 在袋子封口的另一端修剪成一致的長度。

04. 再把循環包裝上的套繩口，連同部分包裝剪下，以便待會兒可貼在收納袋上。

05. 在信封上拼貼裝飾。

06. 也可蓋上印章點綴。

07. 把信封的無封口的另一端一併摺起，以免小張的收藏從封口縫隙掉落。

08. 釘上釦眼讓收納袋牢固。

09. 完成。

手帳

印章控

紙膠帶

鋼筆＋墨水

透明水彩

彩色筆＋鋼珠筆＋色鉛筆

紙因為你

集紙冊

製作一本冊子，
釘在一起的是大大小小的紙張，
之後再貼上照片，填寫文字，
翻閱出不同層次的觸感。

How to make

01. 選出不同尺寸、空白或印刷的紙張，與裝飾貼紙和紙膠帶。

02. 把較大張的紙對摺。

03. 也可以不規則的打斜對摺。

04. 使用紙膠帶把較小張的紙連結起來，再摺起。

05. 更小的紙可作為拼貼用途，一層一層地貼。

06. 把摺好的紙張湊在一塊兒。將較透明的紙張安排在封面，裡頭再以大小參差不齊的方式排列，會使整體看起來更豐富。

07. 可使用旋轉式釘書機釘在摺痕中心兩端。

08. 最後可蓋上印章點綴。

更多精采的創意作品，請參閱 Pooi Chin 個人書：《Pooi Chin 戀手帳：文房具的究極不思議》

印章控

紙膠帶

鋼筆＋墨水

透明水彩

彩色筆＋鋼珠筆＋色鉛筆

紙因為你

出發！第一屆「文具女子博」
買好買滿、與理想的文具面對面

採訪・攝影：黑女

文具女子 PART 1. 最初的原點
文具女子 PART 2. 手帳、文具與書寫的愉快生活

ⓘ nformation

about 黑女

妄想擁有自由的靈魂，因此書桌永遠
是亂的。堆疊手帳紙張各種箱盒以及
書寫道具，彷彿囤積無數珍貴而蒙塵
的時光片段。凌亂的書桌一如我凌亂
的人生。

Facebook：BLACK DIARY

2017年底，在日本「東京流通中心」舉行了第一屆文具迷必須朝聖的活動「文具女子博」，為期三天的活動中聚集了超過80家文具廠牌、上萬名熱愛文具的「文具女子」到場，（當然男子也可以參加！）《文具手帖》也特地前往採訪。雖然活動當天會場同時有某知名韓國團體握手會，但文具迷的熱情卻絲毫不輸給追星少女，長蛇般的隊伍一路從會場門口排到車站，路人紛紛探詢：「到底是在舉行什麼活動？」

　　《文具手帖》特別訪問了包括主辦單位「日本出版販售株式會社」的野武祐三子小姐，以及堪稱文具明星隊、各家廠商的企宣人員，除了一窺活動全貌，也請他們為讀者選出「文具女子」必備的文具、手帳小物，希望用來順手的文具和手帳，也能為你帶來順順利利的一整年。

{文具女子 PART 1}

最初的原點
專訪日本出版販售株式會社——野武祐三子

文具手帖：首先請向讀者們介紹「文具女子博」的源起，野武小姐心目中的「文具女子」是什麼樣子的？

野武祐三子（以下簡稱野武）：要如何定義「文具女子」？我想無論是誰，只要曾經自己選擇、購入想要的文具，就能稱為「文具女子」。過去日本的公司大多會免費配給文具給員工，然而現今如此作的公司也日漸減少，因此大家（特別是女性職員）也有更多的機會選擇自己想要的顏色、圖案或花樣的文具。我們認為，這也是近幾年日本「文具風潮」興起的原因之一。雖然文具的種類繁多、從筆記具到紙張，都是值得深入研究的領域，但是其實誰都能以廉宜的價格入手想要的文具。因此，只要是妳身邊有喜愛的文具、妳曾經選購過自己想要的文具，都能被稱為「文具女子」。

文具手帖：「文具女子博」可說是首度針對喜歡文具的女性展開的大型活動，想請教當初企畫此活動的緣由？如果有想要藉由「文具女子博」傳遞的訊息，也務必和本刊的讀者分享。

↓ 場外人潮

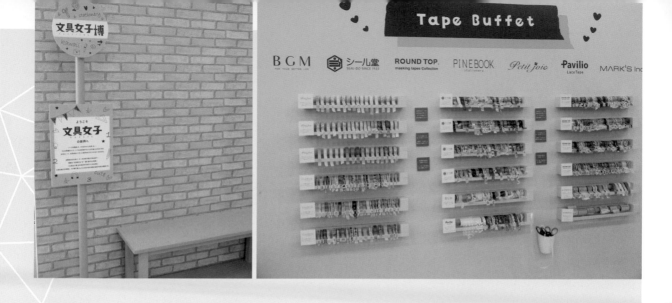

野武：任何一位客人都可以在現場購入自己想要的商品，可以説是「文具女子博」最吸睛的企畫核心。當初企畫的緣由，其實來自日本傳統的「祭典」概念，我自己身邊也有許多文具迷，但是像祭典（festival）一樣，可以在現場觸摸、試用、購買喜歡的文具的大型活動，卻付之闕如。包括紙膠帶、有趣的便利貼等等文具用品的風潮，其實都是由女性的愛用、擴及到一般大眾，因此我們在選擇參展品牌和文具種類時，也特別以「女子」視角出發，包括在會場中舉行的工作坊等活動，也依「女子」的喜好企畫（當然男性也可以入場，請各位安心！）。

像這樣大型的文具現場販售活動，再加上以「女子」為主要目標族群，在日本也是第一次舉行，從 2017 年 3 月左右開始企畫，到 12 月正式舉行為止，活動的規畫時間長達 10 個月。

文具手帖：在企畫活動期間，曾經遇到什麼困難的部分嗎？

野武：因為是第一屆，所以其實從決定活動名稱到 LOGO 的設計等等，都花了非常多心思。「文具女子」的形象是怎樣的？她們既然喜歡文具，一定也很重視設計的各種層面，從這樣的思考出發，希望製作出文具女子都會喜歡的 LOGO 和主視覺。

參與活動的品牌，也是文具女子博的團隊經過討論後，一家一家進行聯絡和交涉，決定參展的。從文具大廠到個人工作室、設計師，我們都進行了邀約，希望能讓「文具女子博」更加獨一無二。比如說製作「捲尺圍巾」等話題文具商品的獨立品牌「Kino.Q」，就是我們在網路上發現的優秀夥伴，直接邀請設計師會面之後，因為本人實在太可愛，不禁湧出「原來作者這麼棒呀！」的想法，更加喜歡她的作品了。

另外和一般逛文具店的體驗不同，各家廠商都會在現場直接和消費者面對面，關於新商品的資訊、商品的使用方式，還有各種僅限於現場交流才會得知的有趣情報等等，也是「文具女子博」有趣的地方。除了讓大家買得痛快，同時也希望讓製作者和使用者在現場有更多交流的機會。

文具手帖：FUJI FILM 是本次活動的贊助商，在台灣也有許多愛用者，是否可以分享拍立得的不同使用法？

野武：以前寫手帳時，常常用拍立得照片幫助記錄，但是手帳會因此而變厚，現在反而比較常用在贈送禮物給朋友時，附加在卡片中表示心意。這次在文具女子博不僅可以免費體驗印出方形的拍立得照片，也可以把照片當作自選筆記本的封面。這次我們準備了多種不同的紙張，可以選出 15 張、搭配可以嵌入拍立得照片的牛皮紙封面，可以現場製作出個人專屬的筆記本，比如說，可以使用 LIFE！筆記本的內頁，搭配燕子筆記本內頁，做出絕對無法在市面上買到的「超限定筆記本」，大家也可以利用現場提供的紙膠帶等素材，裝飾做出來的筆記本。

文具手帖：喜歡手作的「文具女子」，也能參加會場中的各種工作坊，野武小姐有推薦的活動嗎？

野武：我推薦插畫家「渡邊愛子」老師的似顏繪！她以文具設計般俏皮可愛的風格，為大家繪製畫像，真的很可愛！之前老師曾經為團隊的同事繪製似顏繪，因為實在太可愛，引起團隊其他同事紛紛表示羨慕又嫉妒（笑）。

文具手帖：最後請問野武小姐有什麼話想要向《文具手帖》的讀者說嗎？

野武：聽說台灣也興起了文具和手帳的風潮，如果有機會再次舉辦文具女子博，也很希望可以將台灣、海外的優秀文具介紹給日本的使用者！屆時，希望大家可以 follow 女子博的社群媒體帳號，也讓我們參考大家的意見。

↑筆記本自助餐

推薦
伴手禮

A FLOATING LIFE的「Daily Planner」和「memo sheet」

「Daily Planner」是每張獨立的筆記用紙，上面有月、日和TODO事項記錄等格式，一份有50張，可以夾在自己的板夾上，當成手帳或提醒使用。尺寸比A5稍小，只要是A5大小的板夾都通用。

另外還有可以使用在B6板夾上的「memo sheet」。大家一定有在公司越忙、越心急反而小錯誤越多的經驗，如果有喜歡的文具在手邊幫忙記錄，我想多少能夠提升幹勁吧！A FLOATING LIFE的配色真的很美，甚至可以當成送禮時的迷你信箋使用，文具女子博也有限定色的迷你卡片，希望大家可以現場感受它們美妙的顏色。

↑文具女子博限定合作款：和各家廠商合作的女子博LOGO商品，僅限現場販售。

→購入特典：KOKUYO的「測量野帳徽章」
在KOKUYO攤位買5項商品的滿額贈小禮物，
數量限定先搶先贏！KOKUYO長銷商品測量
野帳有很多粉絲，野武小姐自己也是「野帳
粉」，迷你尺寸的徽章一定要入手！

文具女子
AWARD

　會場也舉行了第一屆「文具女子 AWARD」，由來場的參加者
選出心目中最棒的文具，獲得大獎的是 KOKUYO 的紙膠帶切割器
「KARUCUT」，在台灣發售也引發紙膠帶愛好者的熱潮。

獎項	品牌	商品	獲獎原因
大獎	**KOKUYO**	Karucut 紙膠帶切割器	只要將切割器夾在紙膠帶上，便可以藉由特殊加工的刀刃，切出直線線條，非常便利。
文具女子獎	**HIGHTIDE**	New Retro 系列文具	使用復古風配色，製作生活小物，令人深感懷念的優良商品。
	BGM	紙膠帶「四季的顏色」	手繪水彩畫風表現四季更迭，共有 24 種圖案，簡直選擇困難。
	Hako de Kit	Masco Eri 道具箱	由人氣插畫家 Masco Eri 老師繪製的道具箱，A5 的尺寸剛剛好，盒蓋上還有細緻燙金圖案。
	Kanmido	Lipno 便利貼	護唇膏外型的便利貼，小巧尺寸便於攜帶，完全打中女子們的心。

延伸閱讀

文具女子 · 推薦文具店

《文具手帖》的讀者，一定都有一份自己的「東京文具愛店地圖」，這次也特地請野武小姐推薦了兩家她喜愛的文具店與大家分享。

■ 中村文具店

推薦原因：店鋪氛圍復古，能買到許多已經絕版的骨董文具。像是印有KOKUYO公司舊LOGO的收據本、復古的筆記本等等，雖然遠了點，但非常值得文具女子前往挖寶。

✽營業時間：每周六、日12:00～20:00 ※請上官網確認http://nakamura-bungu.com/

■ 鎌倉KOTORI

推薦原因：位於鎌倉、擁有許多原創文具的KOTORI，這次也特地前進女子博，野武小姐特別喜愛該店原創的郵票、筆記本等，也推薦給文具迷。

✽〒248-0007 鎌倉市大町2-1-11
✽TEL/FAX：0467-40-4913
✽kamakurakotori@gmail.com
✽營業時間：11:00～18:00
✽休日：周一不定休（請參考官網）

KOKUYO 測量野帳

從台灣人氣高漲的 NORITAKE 到「明進文房具」、誠品書店都愛用的筆記本，莫過於 KOKUYO 的「測量野帳」。從 1959 年發售至今，適宜在室外筆記的硬質封面、恰好能放入工作服口袋的尺寸，原本是作為土木工程、現場測量等專業用途的手帳本，從發售至今樣式幾乎沒有改變，也正因它方便收納的尺寸、略硬的封皮和容易排列整理的書背設計，贏得許多一般使用者的心。

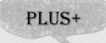

PLUS+

· Trystrams野帳COVER（附拉鍊）
可以收納2本測量野帳的書套，附有網袋、筆夾和名片收納袋，機能性滿分。

· 和GOMU（註：音同日文「橡皮筋」）
靈感來自象徵吉祥的日本「水引」蝴蝶結，可以搭配測量野帳當成綁書帶，女子力立即上升。

 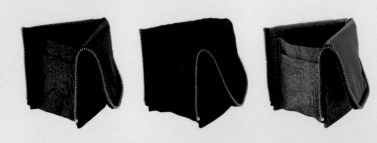

· NEOCRITZ FLAT Biz 筆袋
收納時是好攜帶的扁平狀，拉鍊拉開後，將上半部向下折，馬上變身為筆筒。為辦公室OL增添氣質的沉穩配色、質感絕佳的金屬拉鍊，是測量野帳的好朋友。

DIY 教學

使用雞眼釘、鬆緊帶和緞帶，
客製化測量野帳。

1. 為測量野帳加上綁帶

01. 在封底長邊底部適當位置（參考圖片，距封底長邊往內約 6mm）上下各打一個洞。

02. 將鬆緊帶塞入孔中，雞眼釘由外向內塞入，確認好鬆緊帶的正反面後，使用工具壓牢雞眼釘。

03. 建議先打好一邊的雞眼釘後，將鬆緊帶翻至正面調整緊度、長度後，再壓牢另一邊。將封底鬆緊帶剩餘的長度剪掉即可。

2. 為測量野帳加上書籤繩

01. 將書籤繩或緞帶裁為長邊 +3 公分左右的長度後，在單邊塗上黏膠（建議使用白膠即可）。

02. 打開書背，將書籤放入約 1 公分，然後闔起靜置。

KODOMO NO KAO 印章不能亡

　　寫手帳時不能少的配件，除了印章捨我其誰！KODOMO NO KAO 推出多款方便攜帶的原子印章，除了可以分開蓋印，也可以在手帳上將圖案連續蓋印，甚至用色筆塗色，都能增加手帳的「女子力」。印台方面，推薦也可以印在布面上的「Versacraft」系列，以及可以蓋印在塑膠、玻璃等材質上的「STAZON」，除了手帳內容，甚至也能利用印章裝飾手帳封面。

・**KODOMO NO KAO柴犬印章**
2018年是狗年，就算是手不夠巧也無所謂，各種狗狗印章無論是蓋印在手帳上、或是日常書信、卡片都通用，官方示範實在太生火啦！

KANMIDO 便利貼，可愛是王道

KANMIDO 的便利貼不僅外型可愛，適於鉛筆、油性筆甚至中性筆都能寫的超輕薄多彩表面，更是寫手帳不可或缺的利器。以 20-30 歲的職場女性為主要目標客群，因此每一季都會徵求使用者現場試用、提供意見，作為商品開發和改進的依據。

←↑・PENtONE筆型便利貼

附有等距離切割線的筆型便利貼，不但攜帶方便，使用上也可以視記事需求，切下一張（42X12mm）大小或是數張大小，甚至可以當成書籤使用。一次取出四張份量，在中央部分反折，就成為INDEX索引標籤。一次只取一張，寫上標題，也可當成頁面重點標示使用。

PLUS+

・LIPNO護唇膏便利貼

模仿女生包包裡常備的護唇膏形狀，嶄新設計的「唇膏型便利貼」，無論是隨身攜帶或是放進筆袋中都不占空間、也不容易沾上灰塵或弄髒，是出門在外寫手帳的最佳戰友。也可以與印鑑、口紅膠等一起收納在桌面，隨時可以拿取非常便利。

→・CLIP COCOFUSEN便利貼

以「夾上去、帶著走」為發想的便利貼，可以夾在手帳、書本、甚至是通勤通學用的包包上，不受收納場所的限制，需要的時候就可以馬上取出使用。

SAILOR 萬年筆　美好文字由此而生

近幾年的書寫熱潮反映在以鋼筆起家的 SAILOR，攤位擠滿挑選「四季織」系列鋼筆、墨水的文具女子，然而 SAILOR 可也是 1972 年日本第一家開發出自來水毛筆的廠商，一轉眼今年已是發售第 46 年了。哪些筆記具最適合女子們寫出一手好字？SAILOR 公關馬渕先生也給了手帖讀者們最佳建議。

PLUS+

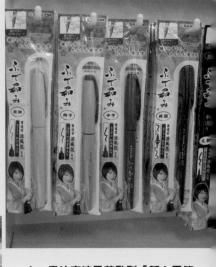

↑・書法家涼風花監製「靜心墨筆」

由日本知名美女書法家涼風花監製的「靜心墨筆」系列，與一般和風自來水毛筆最大的不同除了粉色系的筆身，還有3種不同粗細筆徑，「持筆時將手指放在離筆尖約3公分處，以直立的方式運筆，就可以寫出如同真正的毛筆般的撇捺感。」

↑・四季織系列筆記具

2017年9月發售的「四季織」系列，是SAILOR力推的當家花旦，透過20色的絕美女子色，表現日本四季更迭之美，不僅是鋼筆，就連原子筆、自動鉛筆也能夠配套購入，書寫出美麗筆跡之餘，外型也賞心悅目。

→・Fasciner 系列金屬筆記具

同樣有鋼筆、原子筆、自動鉛筆和多機能筆等多種選擇，最大的特徵是使用玫瑰金色的金屬裝飾，讓寫字時的手看起來更美更耀眼。筆身有珍珠白、珠光粉紅和深藍色（鋼筆僅有珍珠白色），可以適應各種需要筆記的商務場合。

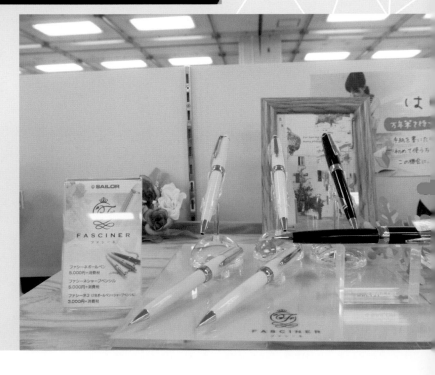

古川紙工　手寫便箋的溫度

古川紙工的迷你和紙信箋組一直是我的最愛，使用擁有超過1300年歷史的美濃和紙，以傳統的「流漉法」抄製的紙張，即使在大多數和紙已改為機械抄製的現代，仍然保有特殊的溫潤觸感以及強度，甚至有許多古日本畫的修復也指定使用美濃和紙。古川紙工的迷你信紙組僅有簡單的圖樣，「為了讓上面的圖案看起來更像印章，我們進行了非常細微的調整，多一分少一分都不行。」

・文具圖案迷你信箋組

即使人手一智慧型手機的時代，就連書本也電子化了，希望透過印有可愛文具圖案的迷你信箋，讓大家再次提筆進行日漸減少的「書寫」、並且體驗和紙的溫潤質感，相信在如此堅持下，可以讓更多使用者再次愛上手寫的感動。

Kino.Q 天哪心臟病真的要發作惹

野武小姐大力推薦的個人品牌「Kino.Q」，看到攤位的當下才發現，我早已買過他們出品的「差不多這麼大」手帕，手帕上印滿一公分見方的尺規方格，臨時須要丈量小東西（究竟是何時？！），手邊卻又沒有尺時；拍照需要比例尺時，只要把物品放在手帕上，就能馬上得知尺寸。捲尺圍巾也是文具雜誌上編輯時常推薦的優秀品項。

←・特製「心臟病」紙牌

將撲克牌洗牌之後反蓋、兩張為一組翻出的考驗記憶「對對碰」遊戲，如果改成用全白的紙張又會如何？使用了包括羊皮紙、肯特紙、白鶴純棉紙等多達26種的紙張製作，考驗紙張控的記憶能力；進階級還可以將白紙面朝上玩「心臟病」遊戲，嚴重考驗眾人的眼力、紙張控程度和手指觸摸記憶力！到底是怎麼想出這麼恐怖的商品！（但是這折磨人的遊戲異常熱銷，現場早已被搶購一空，必須等候預購）設計師紀理有子透露：「因為從國中開始就讀於美術學校，現在有許多想法，都是實現當時的自己想要的、覺得有趣的東西。所有的發想都是來自於生活。接下來，可能會製作『心臟病』紙牌的有色版吧！」

— CHAPTER III —
手作印章
創作這件事

⬤

刻章，是生活，也維持生活。——專訪夏米

⬤

不完美，但有人味的東維印章。——專訪東維工業

⬤

ⓘ nformation

about 柑仔

知道文具背後的故事會喜孜孜，
弄懂文具製作的原理會笑開懷，
會假訪談之名，
行大肆購買之實的文具狂熱人士。

Facebook：柑仔帶你買文具
Instagram：sunkist214

夏米。
刻章，是生活，也維持生活。

　　是一個慢慢培養出來的默契，在夏米每次發布更新的時候，會默默地搜尋著文字裡的關鍵字，等著她每一次手工印章的推出。

　　看夏米的照片，光影跟作品搭配總是無懈可擊，發文裡淡淡的帶著一點高冷的氣息。恰巧在訪問前兩天，遇上了一年一次的工作室open，為了要先看看工作室的模樣，先認識一下夏米老師其人，open那天和排隊的人群擠在一起，我少了一點忐忑，讓正式訪問前的我放鬆了一些。

　　老公寓裡光線充足的工作室，先流進耳朵裡的是輕緩的音樂聲，有著好大好大的窗戶和垂掛著的乾燥花，各式各樣舊的新的箱子，牆壁上貼著蓋印圖樣後，用時光上色的紙張，東西很多，卻不覺凌亂。「不管到什麼地方，在還沒看到、還沒真實摸到之前，音樂都是第一個接觸到你的。」夏米笑著說，從工作室open到第一次訪談到第二次再訪，沒有例外的，從狹長的走廊跨進工作室，都會有音樂聲迎接我。

　　工作室open的那天微雨，小小的工作室裡塞滿了人，大家帶著挖寶心情尋覓著少量釋出的印章，蓋著夏米手刻的橡皮擦印章。她一張張手寫收據，和來訪的人們聊上幾句，我離開工作室的時候，外頭仍然有長長的隊伍。經過的鄰居們依舊狐疑「啊拎係爹排啥米啊？怎麼這麼多人？」。

　　約訪的日子，走過巷弄，兩旁有成衣廠、有美髮店，走上三樓的工作室，採光實在太好，「原本都已經放棄要找工作室了，但一看到這個窗戶和採光，我就愛上這裡。」夏米的照片總是感覺信手捻來，非常有氣氛。「其實我真的不是專業，也許擺設、佈置有自己的想法跟美感，但是你們所看到的照片，其實可能是拍了一百張照片，從裡面挑出來一張最美的，我也許沒有天分，但我很努力。」隨著漸漸落下的夕陽，我想像中那個高冷的夏米，真的只是我自己想像出來的角色。帶著笑容，爽朗坦率，講到興起聲音會小小加速，有著大大的，溫暖手掌的，才是真正的她。

1 小小的花器也是夏米的作品。

2 初版的No.系列。

3 夏米的拍照角落，天氣好時有100分的陽光。

4 夏米的畫作與相對應的套色章。

5 多年來累積的橡皮擦章，工作室開放時可以自由蓋印。

6 自然泛黃的紙張充滿了魅力。

No系列附上的小冊子，夏米的手寫字十分迷人。

夏米從大學開始刻橡皮擦章，沉迷於文字的編排變化，「刻印章其實就好玩，刻名字送給朋友，我有玩到，朋友收到也很高興。」「如果花一些時間，可以讓雙方都開心，那有什麼不好呢？」，為了練習字母的配置，她特意製作了姓名印章加送給訂購者；開放工作室時，也利用剩餘大小不一的木塊，製作了工作室 open 限定的小印章組，用非常便宜的價錢分享給到工作室的人們，願意花時間磨出好作品，讓拿在手裡的夏米印章顯得更加珍貴。

大學畢業後做了幾年的上班族，夏米一直沒有停下刻章的興趣，因為一篇投稿到雜誌社的橡皮擦印章的文章，夏米進到了雜誌社擔任編輯，在工作中磨練出了對空間、擺設的美感，幾年後，決定改變人生的方向，轉職自由創作。2012 年開始，推出她的個人手工章販售，幾年之間，因為社群網站的分享，喜歡夏米的人越來越多，但因為製造印章的繁複手工過程，每一次開放訂購的數量有限，想要擁有夏米的印章也變得不那麼容易。

幸好目前夏米仍然無法停下設計、製作手工章的想法，即使在旅行中，買個一日券，隨意選一條地鐵，在隨意的某個站下車，看看建築，信步漫行，拍上一堆也許看不出在拍什麼的照片，但這些畫面，在她構思時自然就會出現。

收到幾次夏米的印章，包裝都精美到捨不得拆，「其實這些紙張就是一般文具店可以買到、最普通的紙。我是一個刻印章、用印章的人，讓一張最普通的紙，因為印章而有不同的氣味，這是我可以做到的。」包裝紙張蓋印上印章的圖樣，能讓收到的人知道蓋出來的效果是什麼樣子；翻看印章的邊緣，標註了印章製造的日期，即使放在同一個收納盒裡，也能快速找出同一系列。從木頭取手的裁鋸到橡皮裁剪黏貼和每一個包裝，都是她親力親為，「偶爾有朋友來幫忙，但我總是在奇怪的地方嚴格，所以最後還是我自己來（笑）」夏米伸出手，指甲滿是缺口，手指也老是因為鋸木頭而受傷，「認真的對待每一份印章，而且每一份印章都一樣用心，這是我回報大家唯一的方式。」

印章的側邊都有蓋印日期，可以輕易找出同系列的印章。

包裝紙上就是印章蓋印起來的圖樣。

夏米的愛用文具

　　夏米的中英文字都很美，問起她慣用的文具，她拎出了一雙削得尖尖的筷子和一瓶墨水，「而且這兩隻已經吸滿了墨，特別好寫。」看我瞠目結舌，她又從櫃子裡拿出一大把還沒削過的，市場買的筷子。加上一罐最普通、最便宜的派克墨水，親手寫下每個信封上的地址和名字。

　　工作室 open 的時候，桌上放的是最一般的印台，一藍一紅，印面的顏色互相沾染「這就是我最常用的印台，它很好用，而且互相染色也很好看。」夏米說得一派自然，這印台水多的時候顏色濃厚，水少的時候有一些斑駁感，日照、時間都會讓它的顏色改變「好玩的，就是會變的東西。」。另外兩小盒看起來有些年代的小印台，是幾年前購入的二手印台，「雖然很多人都覺得不好用，但我很喜歡它顏色間互相融合的感覺。」這兩個印台都有布質的表面，上色時會在印面上產生布紋，是非常有趣的效果。

喜歡老墨水瓶，墨水反而不是重點。

各式各樣的盒子是擺拍利器。

ⓘ nformation

夏米花園

Facebook：在夏米路上 https://www.facebook.com/ChamilLife/
Instagram：https://www.instagram.com/chamilgarden/

認識夏米手工印章

No 系列：是最多她個人意識，想要表現自我的系列，至今已經到 No.15，除了會有搭配的小冊子以外，也是最花時間的系列。
ep 系列：是日常的練習，個人意識最少，彼此之間可以互相搭配使用。
word 系列：以文字為主的印章。

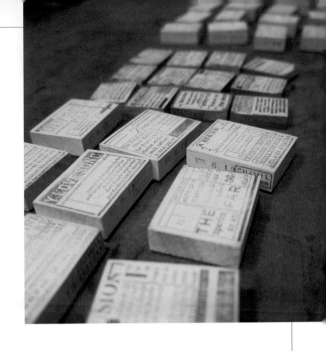

夏米的刻章工具

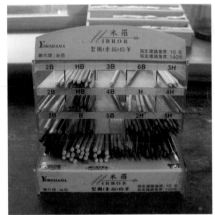

一大把削得尖尖的普通鉛筆，細看可以看到大家熟悉的小天使鉛筆。

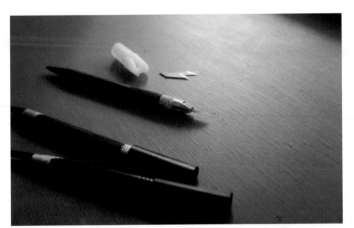

最便宜的筆刀，筆刀的尖端因為長期使用，反射著閃亮亮的白光。

夏米的蓋印小 Tips

1.不一定要手拿印章上色或手拿印台上色，順手就好。

2.木頭夠硬的話，手指頭只要在中間施力就可以蓋好。

3.即使位置對得不那麼準確，印色有些互疊，也都有特別的效果。

不完美，
但有人味的東維印章。

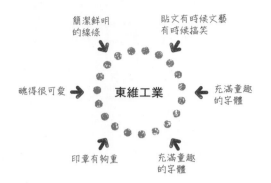

簡潔鮮明的線條　→
貼文有時候文藝有時候搞笑
醜得很可愛　→　東維工業　←　充滿童趣的字體
印章有夠重　充滿童趣的字體

　　想著要用一句話來形容東維工業，腦子裡卻啪嗒啪嗒跑出來一堆句子。哎呀，創作出這樣作品的人到底是什麼樣子呢？第一次知道東維，是在 2016 年底，Instagram 上常追蹤的文具店「森活小室」貼出了東維的印章，不開玩笑，當場有種神經線繃斷的感覺。「對，就是這個，我要的就是這個」，簡化線條的心臟、帶著骨頭的大拇指、說起來有點害羞的乳頭人，這種不是人人都喜歡的怪誕風，偏偏就正中了我喜歡的風格。

　　但你以為東維的有趣只在怪怪的畫風嗎？拿到印章的那一刻，我對運送東維商品的眾郵差及快遞們感到無比的佩服和同情，因為每一顆東維印章，都是貨真價實、沉甸甸的水泥塊，一顆印章拿在手裡覺得厚實有趣，收集一堆放在資料夾裡的時候，完全可以變身成人間兇器。在一片小清新風的台灣文具市場裡，東維工業的硬派無疑是非常獨特的存在，到底東維工業是個什麼樣的人物呢？我實在太好奇了呀！

　　抱著這份好奇，2017 年底，我奔向了東維工業人生中的第一次市集，赫然發現原來「東維」不是「一個人」，而是「東」和「維」兩個人的組成。兩個大男孩，市集當天從高雄運著沉甸甸的水泥塊到台中，在文具市集裡，他們不走簡單的銀貨兩訖方式，一手交錢一手交貨來創造最高的翻桌率，而是不嫌麻煩的一個個現場組裝。你可以選擇自己喜歡的水泥塊花樣，選擇自己喜歡的印章圖樣。現場，組裝給你！

　　東和維是兩個很不一樣的男孩，有著可愛瞇瞇眼的東開朗外放，三秒就可以和人瞬間熟稔。有著大大笑容的維，身上的刺青斑斕美麗。東負責招呼客人，維靜靜的蓋印、組裝、包裝，他們的攤位前絡繹不絕，帶著適合蓋印薄紙的小女孩開心的試蓋著東維的印章們；文具控們熱切的一顆顆挑選自己喜歡的水泥塊跟圖樣，站在攤位前等著組裝；我原本站在旁邊，讚嘆著這兩人第一次擺攤就上手，東熱情的呼喚我蓋他們設計的廢話章，看了一眼廢話章，我詫異的說著「這印章是標楷體耶，為什麼你們會做標楷體的印章!?」但仔細一看內容，我當場笑得合不攏嘴，心裡想著這兩個有趣的人物真是太值得認識了。

1 東維的字母章非常有特色。

2 在店裡閒晃，眼神忍不住就被水泥印章吸引了過去。

3 小小的皮標充滿了魅力。

4 各種不同的水泥取手。

5 某幾個款項印章有大小可選擇。（圖1-5由維提供）

6 除了印章作品外，東維也可以接名片的設計，你敢說他們就敢接。

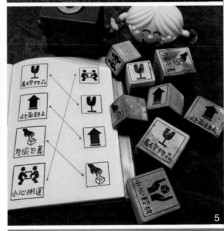

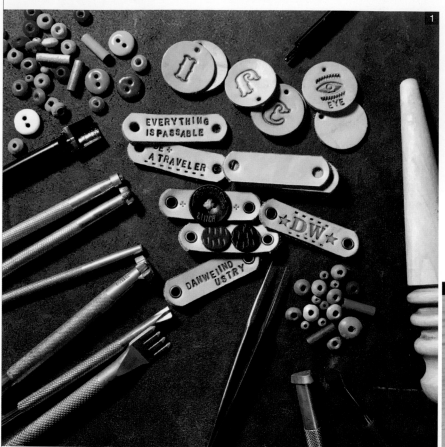

1 多年TN使用者的維，也會針對TN做出一些很棒的皮件。（圖片由維提供）

2 最開始的東維印章，還是他們一塊一塊鋸出來的木頭取手。

3 一般用在公務用途的標楷體，當寫出一些無厘頭字句時，加倍的令人發笑。

4 小詩蓋印後裝飾在手帳上文青值爆表。（圖片由維提供）

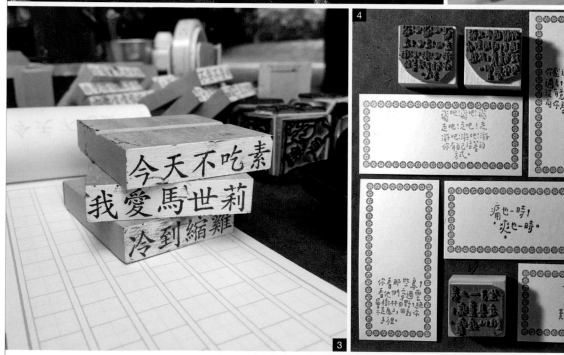

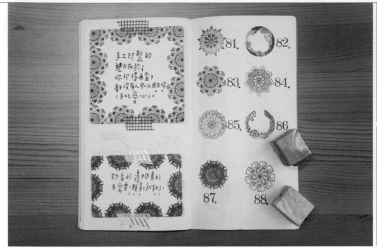

印章的目錄本附上了使用案例，細看內容，一樣非常跳TONE。

原本只是想做個貼圖……

　　學生時代就讀美術相關科系的東和讀餐飲的維是公司同事，但他們工作的地點和插畫八竿子扯不上關係，兩人一開始完全不熟，但喜歡隨手塗鴉的東老是覺得這個同事好奇怪，怎麼好像也喜歡亂畫一些東西，直到後來熟了一些，才覺得「我們倆個也許可以一起做些什麼……」一開始只想要畫 Line 貼圖上架，但很喜歡文具的維，累積了一些小圖以後，想著這些圖如果可以蓋在手帳上，應該也很棒吧？就這樣誤打誤撞的開始了印章的製作。

　　一開始的東維印章和一般印章一樣用的是木頭底座，但想要和別人不一樣的東維，決定採用耗時、產量低、充滿各式各樣隨機氣泡和顏色渲染的水泥底座，難道兩人本來就有製造水泥的技能嗎？「不不不，我們一開始其實完全不會，而且各種水泥之間的差異非常大，有很多灌出來都不是我們想要的成果，顏色調配的比例與灌模的方式，也都會影響到最後成品的樣子，這些事情對於剛開始灌水泥的我們而言，都是挑戰。」但不得不說，這有點不完美的完美，一舉吸引了我們的注意力。

　　是的，東維的印章每一顆都是這樣耗時，每天的產量也無法太多，在變動如此快速、耐心如此小顆的現在，即使經過長久的等待，打開包裹時，看到每個細心包裝、親手修剪，一個個被珍惜製造出來的印章時，誰還會有怨言呢？也因此，訂購東維的印章需要一些耐心，每一段時間，也會看到他們公告暫停接單，因為還有正職工作的他們，是用肝在熬夜做每一顆印章！

　　目前東維的販售管道是經由 Instagram 和 Facebook 私訊下單，訂單除了台灣以外，也來自法國、英國、美國、冰島等等國家，這麼重的印章，客人不會被運費嚇傻嗎？「其實還好耶，其實運費沒有想像中那麼貴，有一次送貨員可能心情不好，用摔的，碎了一整箱。」東維這麼說。

　　（如果是我，送到一箱水泥塊，應該也會心情很不好吧，我心中 o.s）

　　創意滿溢的東維，熱情爽朗，從市集到訪談，都讓人心情愉悅而充滿驚奇，他們的作品，獨特創新，我總覺得這樣的他們，未來還有好多的可能。所以，如果你還不認識東維，現在還不晚，一起來感受他們獨特的魅力吧！

⦃ 藏書章的誕生

除了設計好的圖樣以外，東維也接客製藏書章，以下讓我們跟著東維
一起看看完成一顆藏書章需要經過哪些步驟：

1. 灌製水泥，水泥經 24 小時硬化。
（圖片由東提供）

2. 脫模、打磨邊角，放置等完全乾燥。
（圖片由東 / 維提供）

3. 設計圖樣、拆字，橡皮製造完成後
修剪橡皮。

4. 橡皮在水泥取手上蓋印圖樣。

5. 將橡皮貼上取手。

6. 紙盒上蓋印，並將紙盒上下蓋手工
摺好。

7. 印章用紙單個包裝保護並放入紙
盒，終-於-完-成！

圖樣印章在包裝紙上會另外蓋印圖案。

近期研發的水泥筆筒，每個都會蓋印上東維的標誌。

｛ 東維快問快答

Q1. 有以前作品的黑歷史嗎？

東：我的作品連老師都討厭，所以都銷毀了。

維：只有一些隨便塗鴉、自己看了會開心的小東西。

Q2. 為何會想到以水泥當作印章的取手呢？

東：我是一個天生叛逆的人，不想要跟大家一樣，這是有一次在大號時，突然靈機一動想到的。

Q3. 除了印章和皮件以外，有沒有開發其他產品的想法？

東：最近開發了水泥筆筒，未來可能還會賣衣服賣包包賣內衣內褲（開玩笑的），但最近在
　　玩縫紉機。

Q4. 成立以來有沒有遇過特別的經驗？

東：有些完美主義者客人讓我覺得非常特別。

維：拜託你，真的不要來買！

東：水泥就是有氣泡，不然你想怎樣！（愛開玩笑）

東／維：但是大部分的客人真的都非常好。

Q5. 用一句話形容自己的作品。

維：像你朋友做給你的，不完美，但有人的氣味。

東：我的作品就是懶懶散散的，因為我最喜歡躺在沙發上畫圖。

Q6. 給喜歡你們的客人一句話。

維：謝謝你們的耐心等待，將來也請你們務必繼續，因為一樣會讓你等這麼久。

維的手帳每本都有磚塊的實力。

東的手帳，跟他的人一樣完全不受限。

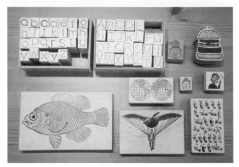

熱愛挖寶的東的私藏印章們。

維拼貼的手帳封面讓人臉紅心跳。

﹛東／維也是文具控

維是個跟你我一樣瘋狂的文具控，東則是開始
製作印章後，急起直追的後起之秀。

維的一生摯愛SKB原子筆。（圖片由維提供）

TN愛用者維的手帳篇篇精彩。

下次東維再擺市集，請用衣服上的「東」和「維」來認出東維兩人。

(i) nformation

東維工業

Facebook：東維工業 https://www.facebook.com/danweiindustry/
Instagram：http://instagram.com/danweiindustry
訂製方式：網路（Facebook/Instagram）私訊東維工業，依目錄編號訂購，或向高雄「森活小室」購買。

bon matin 110

文具手帖 偶相見特刊3 42強練習帳×200⁺酷藏文具

總 編 輯　張瑩瑩
副總編輯　蔡麗真
美術編輯　林佩樺
封面設計　倪旻鋒

責任編輯　莊麗娜
行銷企畫　林麗紅
印　　務　黃禮賢‧李孟儒

社　　長　郭重興
發行人兼
出版總監　曾大福
出　　版　野人文化股份有限公司
發　　行　遠足文化事業股份有限公司
　　　　　地址：231新北市新店區民權路108-2號9樓
　　　　　電話：（02）2218-1417　傳真：（02）86671065
　　　　　電子信箱：service@bookrep.com.tw
　　　　　網址：www.bookrep.com.tw
　　　　　郵撥帳號：19504465遠足文化事業股份有限公司
　　　　　客服專線：0800-221-029
法律顧問　華洋法律事務所　蘇文生律師
印　　製　凱林彩印股份有限公司
初　　版　2018年03月07日

歡迎團體訂購，另有優惠，請洽業務部（02）22181417分機1124、1135

國家圖書館出版品預行編目(CIP)資料

42強練習帳×200⁺酷藏文具 / pooi chin等著. -- 初版. -- 新
北市：野人文化出版：遠足文化發行, 2018.03　面；　公
分. --（Bon matin；110）

ISBN 978-986-384-252-1（平裝）

1.文具

479.9　　　　　　　　　　　　106023159

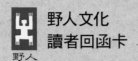

野人文化
讀者回函卡

感謝您購買《文具手帖【偶爾相見特刊3】42強練習帳╳200⁺酷藏文具》

姓　名 _____　□女 □男　年齡 _____

地　址 _____

_____

電　話 _____　手機 _____

Email _____

學　歷 □國中(含以下) □高中職　□大專　　　□研究所以上
職　業 □生產/製造　□金融/商業　□傳播/廣告　□軍警/公務員
　　　 □教育/文化　□旅遊/運輸　□醫療/保健　□仲介/服務
　　　 □學生　　　□自由/家管　□其他

◆你從何處知道此書？
　□書店　□書訊　□書評　□報紙　□廣播　□電視　□網路
　□廣告DM　□親友介紹　□其他

◆您在哪裡買到本書？
　□誠品書店　□誠品網路書店　□金石堂書店　□金石堂網路書店
　□博客來網路書店　□其他_____

◆你的閱讀習慣：
　□親子教養　□文學　□翻譯小説　□日文小説　□華文小説　□藝術設計
　□人文社科　□自然科學　□商業理財　□宗教哲學　□心理勵志
　□休閒生活（旅遊、瘦身、美容、園藝等）　□手工藝／DIY　□飲食／食譜
　□健康養生　□兩性　□圖文書／漫畫　□其他

◆你對本書的評價：（請填代號，1. 非常滿意　2. 滿意　3. 尚可　4. 待改進）
　書名_____封面設計_____版面編排_____印刷_____內容_____
　整體評價_____

◆希望我們為您增加什麼樣的內容：

_____

_____

◆你對本書的建議：

_____

_____

野人

23141
新北市新店區民權路108-2號9樓
野人文化股份有限公司 收

請沿線撕下對折寄回

野人

書名：文具手帖【偶爾相見特刊3】
42強練習帳╳200⁺酷藏文具

書號：bon matin 110

Tombow

PLAY COLOR Dot
color your daily life

雙頭點點筆

圓形圖章型筆頭　　　　　　　　　超細筆頭0.3mm

可愛又實用的新水性雙頭點點筆

點點筆 點出你的 想像力

圓形筆頭直徑5mm，筆頭向下蓋，可像印章一樣使用，傾斜可畫出線條

超細筆頭0.3mm，可以畫出優美的線條。墨水比圖章型筆頭再深一點，畫在圖章型筆頭畫過的地方仍然清晰

總代理 MOON LIGHT 月光貿易股份有限公司　TEL / 02 2555-0656　FAX / 02 2556-9204　 月光創意文具 🔍